世界光电建筑欣赏

人类低碳文明导航

姚兵

壬辰之春

A book of Photovoltaic Buildings in the World
A guide to Low Carbon Civilization for People

世界光电建筑欣赏

Photovoltaic Buildings
in the world

中国建筑金属结构协会光电建筑应用丛书编委会
编著

湖南大学出版社
HUNAN UNIVERSITY PRESS

内容简介

　　光电建筑不仅使建筑节能降耗，更能提供清洁能源，从而实现建筑本身从被动节能变成主动制造能源的革命性转变。这将成为现代建筑设计领域中最重要的发展方向，也是太阳能光电技术应用最为广阔的领域。光电建筑设计也必将成为未来绿色建筑、低碳建筑、生态建筑、智能建筑设计的主流。

　　经过近 20 年的研究探索，光电建筑已经进入了一个飞速发展的阶段。世界各国纷纷涌现出科学性、实用性与美观性完美结合的光电建筑。特别是在很多发达国家，光电建筑应用已经非常完备和成熟，光电建筑的设计和应用的范围也更为广泛和深入。我国经过近几年的探索，也建成了一批很具有特色的光电建筑。这些成功的经验和设计理念对整个建筑设计的发展具有深远影响，是值得我们借鉴、学习、研究的。

　　本书精选近 20 个国家的 150 多个光电建筑应用实例，共计 500 多张精美图片，为读者呈现国内外部分具有代表性的光电建筑规划、设计、施工案例；使读者更全面地了解光电建筑，了解世界光电建筑设计的发展趋势；为广大设计、科研、管理、施工建设人员及大专院校相关专业师生提供参考。

图书在版编目（CIP）数据

世界光电建筑欣赏 / 中国建筑金属结构协会光电建筑应用丛书编委会编著 .—长沙：湖南大学出版社，2011.12
（光电建筑系列丛书）
ISBN 978-7-5667-0123-7
Ⅰ.①世 … Ⅱ.①中 … Ⅲ.①光电子技术—应用—建筑设计—世界—图集 Ⅳ.TU206
中国版本图书馆 CIP 数据核字（2011）第 264281 号

世界光电建筑欣赏
Photovoltaic Buildings in the World

编　著　者：中国建筑金属结构协会光电建筑应用丛书编委会
责 任 编 辑：罗素蓉　　　　　　　　　　　　　　　责 任 校 对：邓素平
装 帧 设 计：北京中建金协光电技术推广中心　　　　封 面 设 计：倪晓呢　吴颖辉
出 版 发 行：湖南大学出版社　　　　　　　　　　　社　　　址：湖南·长沙·岳麓山
电　　　话：0731-88822889（发行部）、88821593（编辑室）、88821006（出版部）
传　　　真：0731-88649312（发行部）、88822264（总编室）
电 子 邮 箱：pressluosr@hnu.edu.cn　　　　　　　　网　　　址：www.hnupress.com

编委会地址：北京市海淀区三里河路 9 号
电　　　话：010-58934500　　　　　　　　　　　　邮　　　编：100835
电 子 邮 箱：info@bipvcn.com　　　　　　　　　　　网　　　址：www.bipvcn.com

印　　　刷：北京瑞禾彩色印刷有限公司
开　　　本：210×285　1/16　　　　印　　　张：16　　　字　　　数：390 千字
版　　　次：2011 年 12 月第 1 版　　　印　　　次：2011 年 12 月第 1 次印刷
书　　　号：ISBN 978-7-5667-0123-7
定　　　价：285.00 元

ISBN 978-7-5667-0123-7

中国建筑金属结构协会光电建筑应用丛书编委会

主任委员

主任委员兼总编：姚兵（中国建筑金属结构协会会长）

常务副主任委员兼秘书长：刘哲（中国建筑金属结构协会副会长、秘书长）

副主任委员：（按姓氏笔画排序）

王　玮、王智光、齐　心、杜英才、李　铮、李　震

陈　玄、陈国义、林岚岚、徐和麟、展　磊、黎之奇

编委会办公室

主　任：梁岳峰（中国建筑金属结构协会光电建筑应用委员会主任）

副主任：郑金峰、章放

《世界光电建筑欣赏》编委会成员（排序不分先后）

珠海兴业绿色建筑科技有限公司

深圳市创益科技发展有限公司

深圳金粤幕墙装饰工程有限公司

深圳市三鑫幕墙工程有限公司

深圳南玻幕墙工程及光伏有限公司

尚德电力控股有限公司

浙江正泰太阳能科技有限公司

浙江中南建设集团有限公司

北京金易格幕墙装饰工程有限责任公司

北京科诺伟业科技有限公司

北京艺成园装修设计有限公司

《世界光电建筑欣赏》策划、设计

北京中建金协光电技术推广中心

PREFACE

序言

　　石油危机、气候危机、核危机……新能源、可再生能源、节能低碳……我们在新世纪的第一个十年里已经熟知了这些词汇。但是，我们真的理解了吗？其对人类即将带来的巨大影响，我们真的研究透彻了吗？伴随危机而来的机遇，我们能抓住吗？近年来，专家学者纷纷提出：第四次技术革命正在来临，而新能源技术革命将是第四次技术革命的突破口。纵观普天之下，无论是车水马龙的超级大都会，还是偏僻幽静的小山村；无论是传统的书刊报纸，还是无处不在的网络，有关环保、节能、低碳、清洁能源都是最热门的话题。如今就连晨练的大爷大妈都能说出一二来，但是这些事物与我们日常的生活与工作到底有多近了？说到太阳能热水器、环保汽车、风力发电站、沼气利用、太阳能路灯等等这些事物时，人们确实会不以为然，因为这些已经就在我们眼前了。经过近十多年的发展，人们对太阳能发电这种清洁能源利用形式已经不会再感到陌生了，但是要说到"光电建筑"，不少人还是会感到陌生，特别是在中国，有多少人真正见过"光电建筑"，或是有多少人真正从"光电建筑"所带来的清洁能源中受益了？

　　如果有机会驱车游历于德国的乡村之间，你会发现只要有房屋聚集的地方，你就能看到有三分之一以上的房屋上都会有太阳能发电系统，很别致、很有序、很融洽，一点也不会破坏乡村的质朴气息。这些小小的光电建筑，不仅给房屋提供了能源，同时也将多余的电力输送到电网上给房屋的主人带来源源不断的经济收益。自从这种一举多得、直接简单的新能源利用方式，越来越多的并网供电后，德国正在逐步关闭核能电站和其他高能耗、高污染的供电系统。在保障本国的电能供应外，还向周边国家出口剩余电能，这其中光电建筑的广泛应用起到了非常重要的作用。这仅仅只是世界光电建筑的一个缩影，一些国家在光电建筑的应用领域是走在了前面，包括我国在内，世界各地也都在依据各自的经济、文化、技术、客观的条件，愈来愈多地建造着自己的光电建筑，将一座座异彩纷呈的立体艺术品呈现在了世人面前。

在整个收集、编译过程中，编者无不感到振奋和欣喜，原来我们赖以生活的建筑还可以如此丰富多彩，看似遥不可及的"未来"、"生态智能"、"绿色"建筑就近在咫尺。原本存在于建筑中传统与科技、实用与美观、能耗与环保的矛盾，在光电建筑中却契合得如此和谐与完美。为此，我们收集尽量多的、不同种类的光电建筑案例，有的极其简单、普通甚至原始，也有的非常精妙、复杂甚至是不可思议的。在光电建筑应用方面，大到一个建筑群，小到只是间农家小屋，我们尽量选择不同类型、功能或用途的应用实例，有别墅、民宅、博物馆、体育馆、会展中心，也有商场、学校、救护中心、工厂、农场等等。尽管我们收集到的图片和信息仅仅只是"世界光电建筑"中的冰山一角，这些图片也不一定是最好的，也不一定就代表了什么，我们唯一的目的就是想让读者足不出户直观地领略一下光电建筑的风采，知道光伏技术可以与建筑契合得如此完美、如此天衣无缝，知道光电建筑可以融入到我们生活的任何一个角落，知道光电建筑不再是神秘而遥远的一个梦。

所有新事物的诞生、发展、传播、演变都有它自身的规律和过程，原本看似简单便捷，也饱含了无数人为之奋斗所付出的艰辛。那么我们姑且先抛开那些复杂的科学理论，繁杂的客观数据和技术难题；抛开国别和重重壁垒，暂不去关注它的功能、成本、收益以及艰辛的建造过程；我们先只做一名游客，无需太多的言语交流，以纯粹欣赏建筑的眼光看看"光电建筑"到底是一个什么样的建筑？通过本书，看看融入光伏技术后的建筑外观与其他普通建筑会有什么不同？新的建筑形式、新的建筑材料与传统的建筑融合、交织在一起会出现一种什么样的效果？就先让我们仅仅先从感官上认识一下世界各国的"光电建筑"吧。

编者

2011 年 8 月

OUR INITIATIVES
我们的倡议

自 20 世纪 70 年代以来，世界化石能源储量急剧减少，石油、天然气、煤炭日趋枯竭，温室效应向各国敲响警钟，人类的生存和环境的可持续发展受到严重影响。世界各国都把目光投向了可再生能源，太阳能光电技术的应用备受推崇。

1990 年，德国提出"2 000 个光伏屋顶计划"；1997 年，美国提出"克林顿总统百万太阳能屋顶计划"；2002 年，中国提出"建成太阳能建筑 5 000 万平方米"计划。随着一系列政府计划的启动，中国光伏企业应运而生，蓬勃发展。2008 年太阳能电池产量跃居世界第一。由于光伏产品过度依赖国际市场，产业发展十分脆弱。因此，推动我国光电建筑应用，成为光伏产业发展的必经之路。为此，2009 年财政部、住房和城乡建设部下发了《关于加快推进太阳能光电建筑应用的实施意见》、《太阳能光电建筑应用示范项目申报指南》、《太阳能光电建筑应用财政补助资金管理暂行办法》三个文件，进一步确定了我国光电技术应用的重要领域在于与建筑的结合。我国是一个人口大国，现有建筑面积约 400 亿平方米，每年新增建筑面积约 20 亿平方米，15 年内可增加至 300 亿平方米，光电建筑可使用面积将超过 100 亿平方米。我国光电建筑应用的市场前景一片光明。

前途是光明的，道路不会一帆风顺。在光电建筑应用领域，还存在太阳能发电成本居高不下，光电核心技术受制于人，行业组织和规划缺失，质量检测体系薄弱，光电建筑应用标准尚属空白等问题，光电建筑应用仍然处于示范阶段。在这个阶段，曙光与风雨同在，机遇与挑战并存。为了抓住历史机遇，接受时代挑战，经住房和城乡建设部批准，中国建筑金属结构协会与多家成员单位共同发起成立了我国第一家光电建筑应用的行业组织——光电建筑应用委员会。在住房和城乡建设部的领导下，在中国建筑金属结构协会和光电建筑应用委员会的组织下，我国光电建筑应用将掀开新的篇章。我们确信，光电的时代已经到来，光电建筑应用的号角已经吹响，光电建筑市场的大幕已经拉开。试想，这样一场伟大的产业变革，这样一个波澜壮阔的市场洪流，一定是属于国家的、世界的乃至全人类的。在它的面前，任何单个企业都显得势单力薄，任何一孔之见都是固步自封。我们试问，若要跟上时代的大潮，不被大浪淘沙，不做昙花一现，应该具有什么样的远见卓识、胆略气魄？应该如何厉兵秣马、蓄势待发？我们的结论是：共同走光电建筑一体化应用发展之路。为此，我们向光电建筑领域的同仁发出倡议：

共同倡导和谐共赢：和谐是事物发展的本质，是对立的统一，是矛盾的平衡状态。在光电建筑应用事业的发展过程中，发展是不平衡的，差异是存在的，矛盾是普遍的。为了使这个事业能够健康有序地发展，就需要遵纪守法、提倡公德、维护正义、讲求公平、诚实守信、互助友爱。和谐是五千年中国文化的根基，我们理应发扬光大。

共同建设行业组织：无数事实证明，团结起来力量大，行业组织就是我们团结起来的桥梁和纽带。经国家民政部、住房和城乡建设部批准成立的中国建筑金属结构协会光电建筑应用委员会，是所有光电建筑领域企业和仁人志士自己的组织。融入这个组织，发展壮大这个组织，是您的社会责任；依靠组织，您的事业也将更有机会步入辉煌。我们的目标是一致的，我们确信：组织强则事业强，事业强则企业强。

共同培育光电市场：市场是供求关系的总和，新的需求产生新的供给。我国光电建筑应用市场刚刚萌生，市场需求的扩大还有待时日，供需关系很不协调。如果市场盲目发展、放任自流，最终会导致市场畸形。市场是国家利益与民众利益的协调，是社会利益与企业利益的协调。协调的市场才是成熟、健康、有序的市场。这样一个市场需要正确引导、平衡供需、呵护扶持。一切急功近利、一切坐享其成都是无所作为的。

共同致力科技创新：人类文明发展史就是人类的发明创造史。现代社会一个最显著的标志，就是科技发明与创造的速率越来越快。这是社会经济规律决定的。光电建筑一体化应用技术是一门新兴技术，肯定还存在很多未知和不足，一些核心技术我们还没有掌握。要抓住光电建筑一体化应用的历史机遇，要跻身世界强国之列，必须致力于科技创新。科技创新需要企业具有远见和魄力，需要整合社会资源，需要加强应用研究，需要加速成果的转化。我们应该记住邓小平的名言：科学技术是第一生产力。

中国建筑金属结构协会光电建筑应用委员会

CONTENTS
目录

002 概述 Overview

004　光电建筑的发展
　　　PV Buildings Development

008　光电建筑的特点和意义
　　　Characteristics and Significance of PV Buildings

012　光伏系统的基本构成
　　　Basic Components of PV Systems

014　光电建筑应用类型
　　　Types of PV Building Applications

022　光电建筑设计
　　　PV Building System Design

030 精选 Selected

031　新蒙特罗莎小屋　　　　　　　　　　　　　瑞士
　　　Neue Monte Rosa–Hütte

039　威海市民文化中心　　　　　　　　　　　　中国
　　　Weihai Public Cultural Center

043　弗劳恩霍夫太阳能系统研究所　　　　　　　德国
　　　Premises for Fraunhofer ISE

049　高雄世运会主场馆　　　　　　　　　　中国 – 台湾
　　　National Stadium in Kaohsiung

057　太阳船太阳能社区　　　　　　　　　　　　德国
　　　Das Sonnenschiffs Solarsiedlung Vauban

065　广州新电视观光塔　　　　　　　　　　　　中国
　　　Canton Tower

069　加州科学院　　　　　　　　　　　　　　　美国
　　　California Academy of Sciences

079　论坛公园太阳能遮阳棚　　　　　　　　　西班牙
　　　Parque Del Fòrum Solar Pergolas

085　蒙特赛尔学院　　　　　　　　　　　　德国
Akademie Mont-Cenis

093　青岛火车站　　　　　　　　　　　　　中国
Qingdao Railway Station

097　弗赖堡太阳能厂办公楼　　　　　　　　德国
Solar-Fabrik Freiburg Bürogebäude

101　旭格体育场　　　　　　　　　　　　　德国
Schüco Arena

105　SMA 太阳能培训中心　　　　　　　　德国
SMA Solar Academy

111　伊甸园教育中心　　　　　　　　　　　英国
Eden Project Education Centre

117　尚德生态大楼　　　　　　　　　　　　中国
Suntech ECO Building

121　AEON 购物中心　　　　　　　　　　　日本
AEON Shopping Center

124　光电幕墙　PV Curtain Wall

125　赫尔穆特音乐厅　　　　　　　　　　　奥地利
Helmut List Halle

127　全球香料总部大楼　　　　　　　　　　新加坡
Spice Global Headquarter

131　保罗霍恩体育馆　　　　　　　　　　　德国
Paul Horn Arena

135　哈尔斯贝校区　　　　　　　　　　　　瑞典
Alléskolan Hallsberg

137　让·刘易斯学校　　　　　　　　　　　法国
Groupe Scolaire Jean-Louis Marquèze

141　正泰太阳能大楼　　　　　　　　　　　中国
Chint Solar Building

143　迪兰霍伊达阳伽里 23 号　　　　　　　芬兰
Tilanhoitajankaari 23

147　豪腾市消防站　　　　　　　　　　　　荷兰
Houten Fire Station

Contents 目录

149 电谷广场商务会议中心 中国
Power Valley Plaza Business Conference Center

151 合作保险大厦 英国
Co-operative Insurance Tower

153 远见高级公寓 美国
The Visionaire

155 电谷锦江国际大酒店 中国
Power Valley Jinjiang International Hotel

158 光电屋面 PV Roof

159 艾里提斯大楼 法国
Elithis Tower

161 东根市政厅 荷兰
Dongen City Hall

163 珠海东澳岛 中国
Zhuhai Dong'ao Island

167 圣母玛利亚医院 比利时
Onze Lieve Vrouw Ziekenhuis

171 柏林中央火车站 德国
Berlin Central Station

175 迈丹大酒店 阿联酋
Meydan Hotel

177 弗莱堡展览中心 德国
Messe Freiburg

179 科尼岛史迪威大道车站 美国
The Coney Island Stillwell Avenue Terminal

181 新南威尔士大学 澳大利亚
University of New South Wales

183 富纽斯公司新生产和物流中心 奥地利
Fronius New Production and Logistics Center

185 深圳国际园林花卉博览园 中国
Shenzhen International Garden and Flower Expo Park

189 慕尼黑宝马世界展厅 德国
BMW Welt München

191 比奥罗历加公司总部大楼   德国
Bionorica Firmenzentrale

193 斯图加特展览中心   德国
Messe Stuttgart

195 东滩湿地公园客房中心   中国
Dongtan Wetland Park Room Center

198 光电附属设施和其他　PV Ancillary Facilities and Others

199 EWE 体育馆   德国
EWE Arena

201 蒙特马拉加酒店   西班牙
Monte Malaga Hotel

205 金泽站东广场巴士总站   日本
Kanazawa Station East Plaza Bus Terminal

209 奥斯汀市政厅   美国
Austin City Hall

213 哈勒默梅尔世博园   荷兰
Expo Haarlemmermeer

215 科威特沃巴保险大厦   科威特
Kuwait Warba Insurance Building

217 科罗拉多海军基地   美国
Naval Base Coronado

219 雅典社区中心太阳能车棚   美国
Athens Community Center Solar Carports

221 公共汽车站   德国
Bus Stops

223 太阳能充电停车棚   美国
Solar Carports and Charging Stations

225 彼得克雷西米尔海岸广场   克罗地亚
Obala Petra Krešimira

232 索引　Index

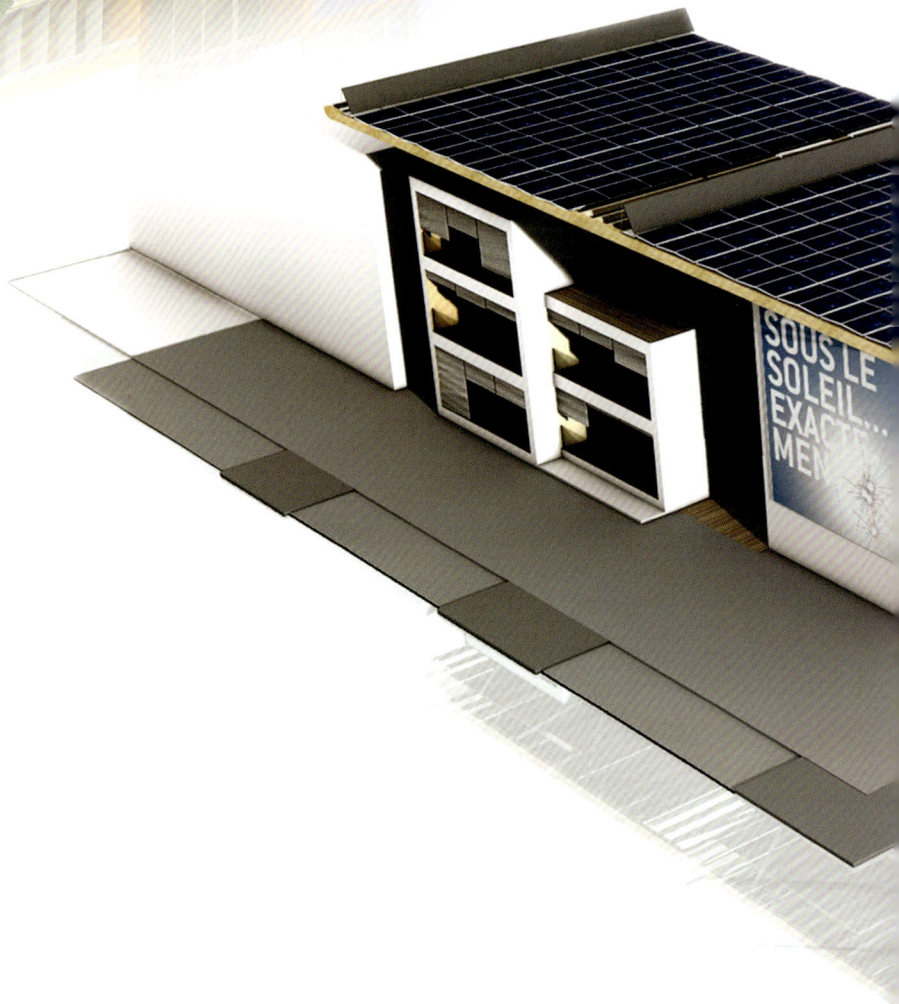

OVERVIEW
概述

　　"光伏发电与建筑物集成化"的概念在 1991 年被正式提出，是将太阳能利用设施与建筑有机结合，利用太阳能发电组件替代建筑物的某一部分，把建筑、技术和美学融为一体，相互间有机结合。利用太阳能设施完全取代或部分取代传统的玻璃幕墙及其他建筑围护结构，解决传统太阳能的结构所造成的对建筑的外观形象的影响，同时也减少成本，还提高了效益。

　　纵观太阳能光伏技术的应用和发展历程，从简单地使用和安装太阳电池板，到现在能够把太阳电池板和建筑进行比较好的结合，使得太阳能光伏发电得到更广阔的发展空间。

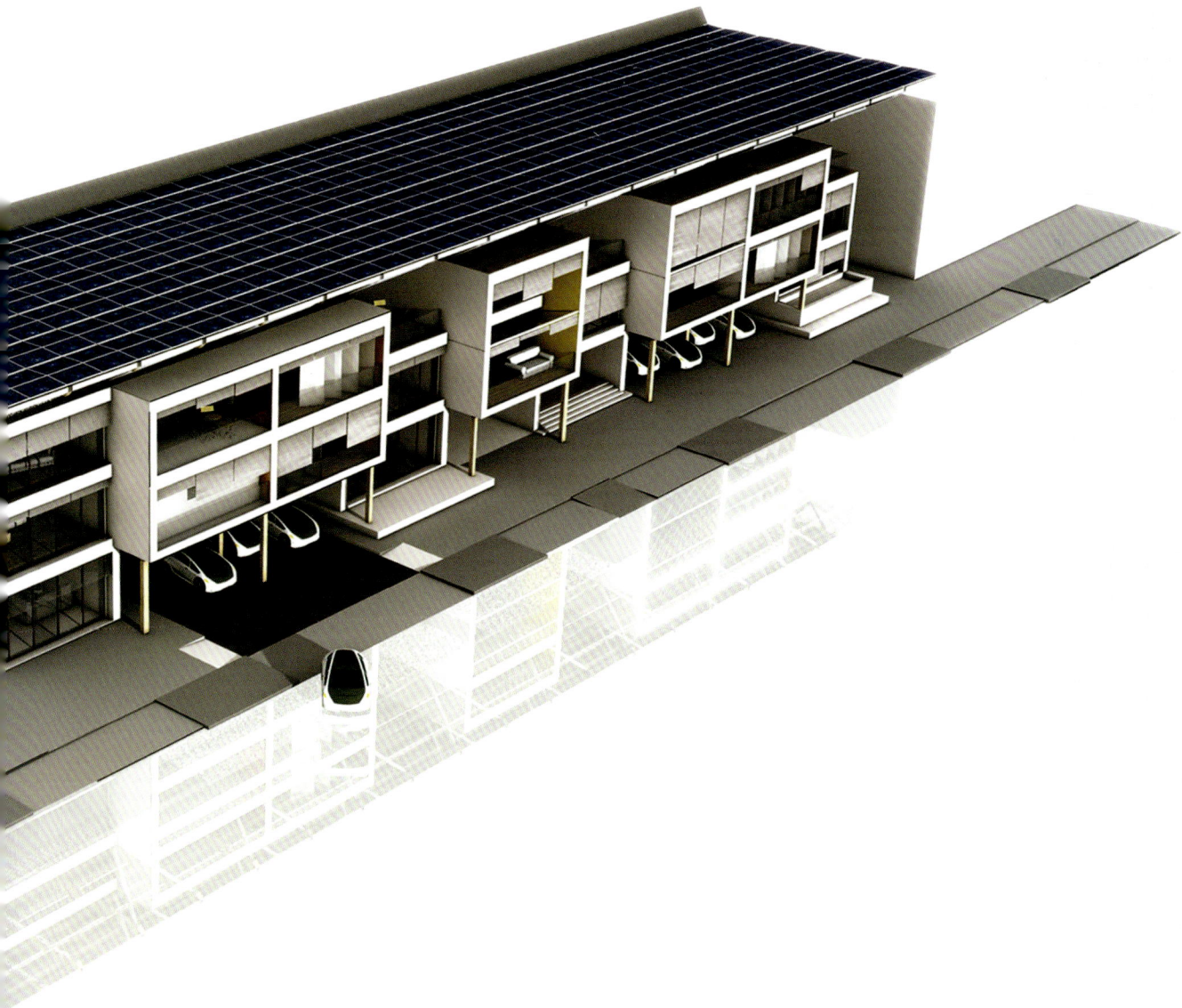

1.德国－The prefab Övolution home（预制协同进化住宅）

该项目是 Rolf Disch SolarArchitektur的早期作品，与WeberHaus GmbH & Co. KG共同设计建造；首次提出了"Plusenergiehaus"（+能源屋）的设计理念，因而获得了1997年德国和欧洲太阳能奖等多项殊荣。

2.英国－William Rankine Building, the University of Edinburgh（爱丁堡大学威廉朗肯大楼）

该建筑运用了许多项可持续发展的新设计理念和节能功能，创建出这样一个有趣而又舒适的建筑，并没有过多的资本投入，而且运行成本还低。在建筑屋顶和南立面集成安装了26.35kWp的光伏发电系统，并于2006年9月投入运行。

3.瑞士，达沃斯－Swiss Federal Institute for Snow and Avalanche Research（SLF）（瑞士联邦雪和雪崩研究所）

该建筑位于瑞士的阿尔卑斯山，海拔高度为2 662米，于2002年元旦建成运行，10kWp的光伏系统完全采用了集成的设计形式安装在建筑的南立面上。

生产能源

光电建筑最大的特点就是建筑具有发电功能。光电建筑是把建筑物做为太阳能光伏系统的载体，将光伏阵列安装在建筑物屋顶或外墙面等外围护结构上，使光伏系统成为建筑的组成部分，并为建筑或需电端提供清洁的光伏电能。这一形式体现了建筑物由单纯消耗能源，转变为生产能源，因而成为目前绿色能源开发与利用领域中最具潜力的发展方向。

节约用地

光电建筑的光伏发电系统是利用建筑物闲置的屋顶和外墙面等外围护结构，使光伏发电系统与建筑构成一体，无需占用土地或增建其他基础设施，有效地节约了珍贵的土地资源，适用于城镇、乡村以及人口密集的地方，这对于土地紧张且昂贵的城市和用电集中的区域尤其重要。

瑞士 –Permanent Mission of the United States of America（美国驻联合国外交使团总部）

20世纪70年代以后，随着现代工业化发展，化石能源正在一天天减少，碳排放量对环境的危害日益突出，全球约有20亿人得不到正常的能源供应。这个时候，全世界都把目光投向了可再生能源，其中太阳能以其独有的优势，成为人们关注的焦点。地球上的风能、水能、海洋能、生物质能的形成都来源于太阳，地球上的化石能源（煤炭、石油、天然气等），从根本上说也是远古贮存下来的太阳能的转化形态。地球轨道上的平均太阳辐射强度为 1 367W/m²，地球赤道周长为 40 000km，地球获得的能量可达 173 000TW。地球表面某一点24小时的年平均辐射强度为0.20kW/m²，相当于太阳每年为地球提供102 000TW 的电能。正是由于太阳能的这些独特优势，20世纪80年代后，太阳能电池的种类不断增多，应用范围日益广阔，市场规模逐步扩大。

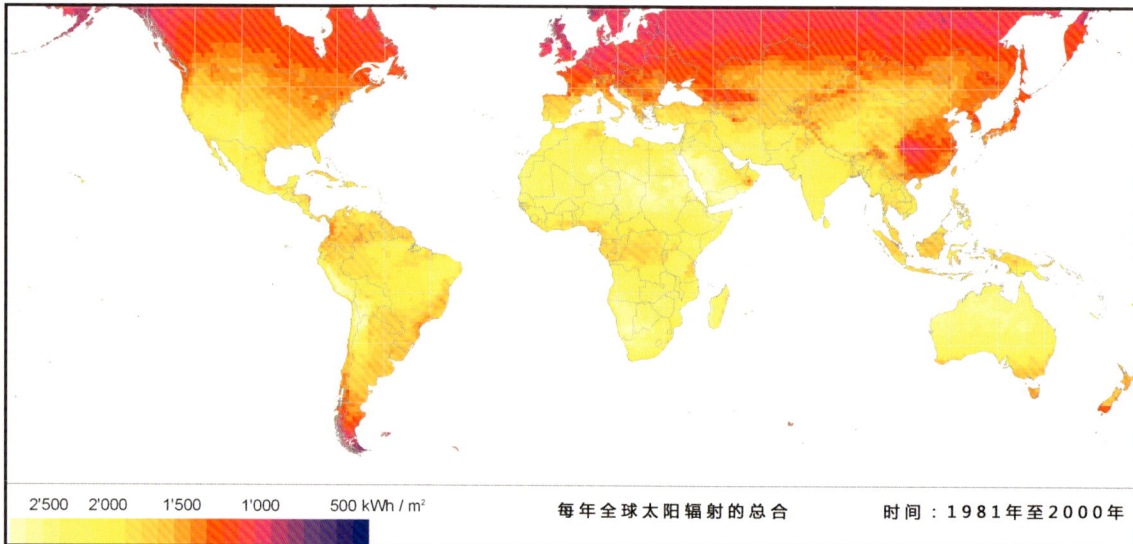

| 2'500 | 2'000 | 1'500 | 1'000 | 500 kWh / m² | 每年全球太阳辐射的总合 | 时间：1981年至2000年 |

我们在使用煤炭、石油等其他天然化石能源时需要进行燃烧并产生可以导致酸雨的二氧化硫，并且会污染我们的海洋及天空，同时也会产生造成温室效应的二氧化碳；而太阳能发电使用太阳作为能源，不会产生有害的物质并可有效地帮助地球减少温室效应。太阳辐射能是取之不尽、用之不竭、无污染、廉价、人类能够自由利用的能源。太阳能每秒钟到达地面的能量高达80万 kW，假如把地球表面0.1%的太阳能转为电能，转变率5%，每年发电量可达5.6×1 012kWh时，相当于世界上所有能源消耗总和的40倍。

1. 奥地利-Natural History Museum Vienna
（维也纳自然历史博物馆）

　　该项目是一个在古建筑上实施光伏系统改造的典型案例，在1998年和2006年分别安装了两套对称的独立屋顶光伏发电系统。

2. 英国-North Devon District Council（北德文郡区议会大楼）

　　该建筑作为当地的再生能源建筑一体化应用的试点项目，分别在大楼顶部和文艺中心附楼外墙上集成安装了总计56.6kWp的太阳能光伏系统，2005年8月正式投入运行后，每年将提供约43MWh的电力。

3. 奥地利-Schiestelhaus（苏士帝尔小屋）

　　该建筑是一个山顶俱乐部，已有120年的历史，位于海拔2 153米的斯瓦布山山脊上，作为太阳能和生物质能应用改造的试点项目，于2005年9月正式投入使用。其中光伏系统总装机量为7.5kWp，主要集成安装在建筑的围栏和遮阳棚上。

使用太阳能光伏技术的建筑统称为光电建筑，是指太阳能光伏技术在城乡建筑领域的应用，即利用太阳能光伏转换技术，解决建筑物的照明、热水、采暖等用能需求，替代常规能源，促进建筑节能的建筑形态。简单地说就是把光伏发电系统安装在现有的建筑物上，或者把光伏发电系统与新的建筑物同时设计、施工、安装，既能满足光伏发电的功能，又能提升建筑物的美感，例如我们身边的住宅、商用写字楼或是体育场等公共建筑都可以应用光电技术。此外，高速公路的隔音障、公共交通的车站棚、停车场的遮阳棚等建筑物，都是非常适合光电技术应用的领域。

迄今为止，光电建筑应用技术经历了漫长的发展演变过程，光电建筑的应用和发展大致归纳简化后可以分成以下三个大的变革方向：

1. 从天上到地面：主要是 1973 年第一次石油危机爆发开始，光伏技术应用从航天领域向地面发电站应用发展；通过这次"危机"在客观上使人们认识到现有的能源结构必须彻底改变，应加速向未来能源结构过渡；从而极大地促进和加快了太阳能发电技术的商业化进程。

2. 从独立系统到并网发电：从环保和经济、利用价值角度出发，由于少用或不用化学蓄电池，并网光伏发电系统比离网（亦称孤岛或独立）光伏系统更科学和环境友好。

3. 走向与建筑结合的多样化应用：从单纯地将光伏组件安装在屋顶上，发展成为太阳能电池组件作为一种建筑材料、一种建筑构件，成为与建筑紧密结合的一部分；其应用也延伸至建筑的不同部位。

光伏发电系统与建筑结合的早期形式主要是"建筑屋面应用"，德国率先提出了这种应用形式大规模推广的实施计划，并取得了很好的效果。德国和我国的有关统计表明，建筑耗能占总能耗的三分之一，光伏发电系统最核心的部件就是太阳电池组件，太阳电池组件通常是一个平板状结构，经过特殊设计和加工，完全可以满足建筑材料的基本要求。2006 年，我国的一些专家也首次提出与光电建筑相关的另一个重要概念——"零能耗建筑"：一旦光电建筑的发电量达到能够满足住户生活需求，则称之为"零能耗建筑"。

Characteristics and Significance of PV Buildings

光电建筑的特点和意义

节能环保

首先，光电建筑可以为建筑提供光伏电能，随着太阳电池光电转换效率的提高，最大限度地利用建筑物的可利用面积，通过智能微网技术，再辅之以各种节能技术，使光电建筑所提供的光伏电能逐渐与建筑耗能达到平衡，从而真正实现建筑物"零能耗"的终极目标。其次，建筑用光伏系统所用资源可以循环利用，整个循环再利用过程是一种低消耗、低排放、高效率，符合可持续发展理念的经济增长模式；生产光伏组件的主要材料：硅、玻璃、铝等均是可重复利用的，回收再利用不仅对环境有利，同时也有效地减少生产这些材料所需要的能量。另外，光伏组件替代建筑材料和装饰材料，在抵消建造成本的同时，充分利用物质资源实现多种功能，从而减少对其他自然资源的消耗。此外，光电建筑是通过固态半导体器件将太阳能转化为无污染、无排放的清洁能源，整个发电过程不发生机械、化学和燃烧作用，对环境不会产生污染；光电建筑使用自产的光伏电能，节约了常规化石能源，从而起到了降低室外综合温度的作用，同时也减少了墙体隔热和室内空调冷负荷。

目前，全球约 50% 的自然资源用于建筑，30% 的能耗归结于建筑；全球建筑消耗着世界 50% 的能量，我国的建筑能耗约占社会总能耗的 50%；因此，光电建筑既造能又节能，是解决建筑能耗的一次革命，对建筑物的节能减排将起到非常积极的作用。建筑是最能表现拥有者生活态度和生活方式的事物，同时也是人类文明以及一个时代发展特征的重要体现；光电建筑作为一种环境负责型建筑物，将为保护和改善人类生存和生活环境起到更加积极的作用。

图片来源于 www.eeprosolar.com

1. 西班牙 –Isofotón Headquarters（伊索富顿公司总部大楼）：

该建筑的幕墙、采光顶和遮阳光伏系统采用集成式设计，总装机量为 84.1kWp，年发电量约 7.2MWh。

2. 德国 –München Airport（慕尼黑机场 2 号航站楼）：

该屋顶光伏系统项目总面积约 3 600m²，年发电量约 445MWh，每年可减少二氧化碳排放约 400 吨。

经济、便捷

光电建筑发电最大的优势就是"就地发电、就地使用",即可自发自用,也可并网送电。首先,光电建筑发电"自发自用",可以减少集中式发电厂向需电地送电的设施建设,在一定距离范围内可以节省常规电网的投资,节约输变电成本、材料和减少能量传送损耗;特别是对于偏远地区而言,去架设电网或者修建普通电站的成本和难度都很大,因此光电建筑的应用将为更多偏远地区带去更便捷的能源,满足偏远地区的日常照明、通讯等电力需求。其次,光电建筑的并网系统可将光伏系统产生的电能输送到公共电网上,做为公共电网的有力补充,共同给载荷供应电力;在增加公共电网供电可靠性的同时,也能起到缓解高峰电力需求的作用。此外,光电建筑所采用的光伏电池组件技术已经很成熟,完全可以制成符合建筑要求的建材和建筑构件,而且可以根据建筑的自身条件和用户需求选择发电容量以及组件的规格,加上系统安装所需的相关配套件都较成熟和完备,从而大大降低了组件安装和施工的难度。

美观、可靠

光电建筑作为建筑,首先是建筑师的艺术品,它具有独特的美学意义(建筑美学和视觉美学)。光伏组件本身具有一定外观特性和使用要求,用光伏组件替代传统的建筑材料、建筑物构件,与建筑物有机地结合在一起,可以完美地表达建筑师所要传达的建筑理念,产生其他建筑材料所不具有的美学效果。其次,光伏发电是一个很可靠的技术,光电建筑中的光伏组件通常的使用寿命为30年,常规维护也非常简便,在使用25年后也可以提供高达80%的最初产能效率。此外,光伏技术和建筑用光伏产品在欧美等地区也有了很完善的质量标准体系,我国相应的光伏产品标准体系也在逐步完善中,为使用者提供了更好的质量保证。

社会效应

城乡建设有力地推动了我国经济的发展,但同时也带来了一定的影响,最主要的就是高用电需求对资源的影响,这不仅会引起不同层次矛盾,也对未来的能源危机埋下了隐患。而光电建筑的广泛应用开创了一个全新的市场,开启了现代建筑行业的一条新的绿色产业、绿色经济之路,有力地促进了整个光伏产业链的迅速发展,从而进一步降低开发利用绿色能源的建造成本,对构建和谐、可持续发展社会有着极大的促进意义。

光伏系统类型

光电建筑的光伏发电系统可分并网光伏系统和离网（亦称孤岛或独立）光伏系统两种类型：

简单的说并网光伏系统就是通过太阳能光伏组件将太阳辐射能转换为电能后，与公共（常规）电网联接，共同承担供电任务。这是在发达地区最常见的商用和家用光伏发电系统，系统与本地电网相连接可以让所生成的电能输入到电网当中销售，当没有阳光辐射的时候也可以使用来自电网的电力。

反之，不与公共（常规）电网联接，只是将转换的电能先储存起来或直接使用，这种自产自用的光伏发电系统称之为离网（亦称孤岛或独立）光伏系统。在某些没有电网的偏远地区，光伏系统可以通过一个充电控制器将生产的电能存储到电池当中，通常此类系统都在偏远的地区使用，为小范围的生活、工作等需要提供电力。

逆变、控制、存储技术

逆变器是将直流电转换成交流电的一种设备，是整流变换的逆过程。逆变技术按输出波形、输出相数、电源性质、主电路拓扑结构等方式分类。逆变器对并网光伏系统和直供交流电负载端使用来说是必须配件，进入 21 世纪，逆变技术正向着频率更高、功率更大、效率更高、体积更小的方向发展。

对于建筑用光伏系统，没有一个合理的充放电控制电路，就不可能有一个性能良好的光伏建筑产品。最大功率点跟踪控制器的作用，就是通过直流变换电路和寻优控制程序，根据太阳辐照度、温度和负载特性的变化，始终使光伏方阵在最大功率点附近工作。

离网（亦称孤岛或独立）光伏系统需要蓄电池，通常为铅酸电池，目前专为光伏发电系统设计的高质量电池使用寿命已达到 15 年。蓄电池通过充电控制器与光伏组件连接，充电控制器可以避免蓄电池过度充电、提供系统运行情况及电能度量。

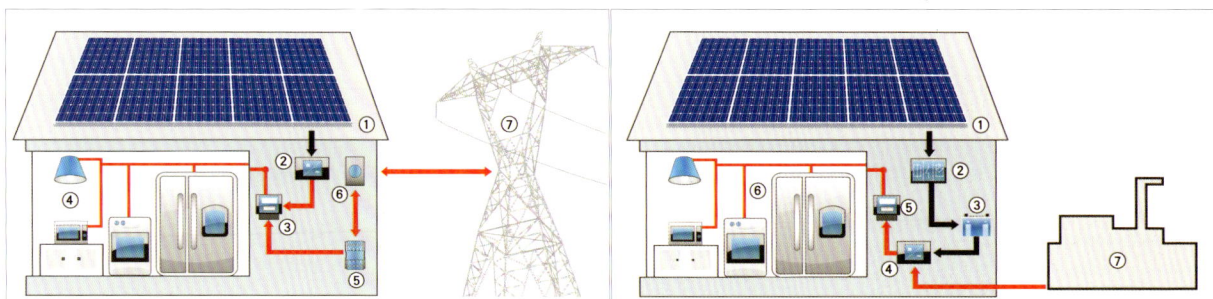

并网光电建筑示意图
1：光伏组件；2：逆变器；3：配电箱；4：家用电器；
5：电流断开器；6：双向电流表；7：公共电网。

离网光电建筑示意图
1：光伏组件；2：充电控制器；3：蓄电池；4：逆变器；
5：配电箱；6：家用电器；7：备用发电机。

Basic Components of PV Systems

光伏系统的基本构成

光伏组件

光伏组件（或称太阳能电池组件）是由太阳能电池片或由激光机切割开的不同规格的太阳能电池组合在一起构成。由于单片太阳能电池片的电流和电压都很小，所以我们把他们先串联获得高电压，再并联获得高电流后，通过一个二极管（防止电流回输）输出。并且把他们封装在一个不锈钢金属体壳上，安装好上面的玻璃，充入氮气，密封。

电池与组件

太阳能电池是光伏系统中最基本的单元，也是收集太阳辐射能量的单元。光伏组件将许多的太阳能电池组合到一起形成一个更大的单元。产生的直流电可以直接供给许多的设备使用，也可以通过逆变器将电能转换成日常电器使用的交流电。光伏电池的效率通常用将太阳能转化为电能的比例来计算。现在常规的太阳能电池效率约为15%，大约有六分之一照射到电池上的太阳光被转化为了电能。对于光伏产业来说，提高光伏电池的光电转换效率和降低成本是一个很重要的目标。

光伏电池主要有晶体硅光伏电池、薄膜光伏电池，以及聚能光伏电池和可弯曲的光伏电池等。

晶体硅光伏电池通常是由硅锭切割成的薄片组成。使用从一个完整的晶体硅制成的电池属于单晶硅电池，从多个晶体硅组成的硅锭制成的电池属于多晶硅电池。多晶硅与单晶硅电池现在的光电转换效率在12%到17%之间。晶体硅技术是最常见的光伏电池技术，约90%的太阳能电池使用了晶体硅技术。晶体硅电池主要使用单晶硅、多晶硅、晶体硅衬底电池三种技术。

薄膜技术通常是将感光元素沉积到一些像玻璃、不锈钢和塑料等低成本的材料上形成很薄的一层感光层。薄膜电池相对晶体硅电池生产成本较低，弱光效应好，总体转换率低，但是低廉的价格是一个很大的优势。现在薄膜电池的光电转换效率与晶体硅电池相比略低，约在5%到13%之间。薄膜电池主要使用非晶硅、铬碲化物、铜铟硒、铜铟镓硒等技术。

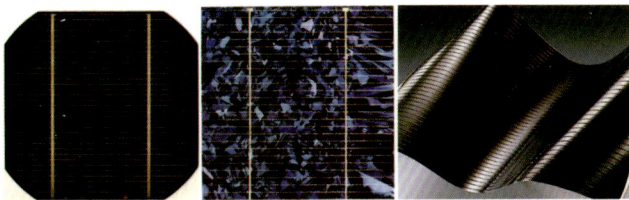

单晶硅电池　　　　多晶硅电池　　　　薄膜电池

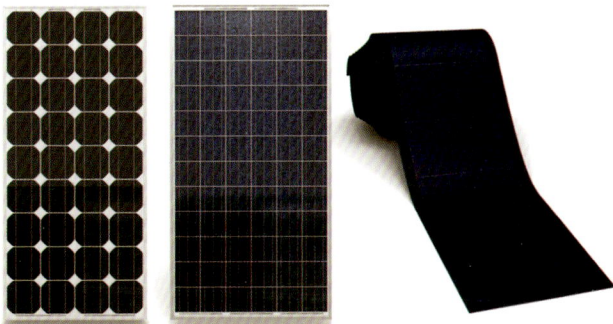

单晶硅电池组件　　多晶硅电池组件　　薄膜电池组件

Types of PV Building Applications

光电建筑应用类型

建筑外立面应用

　　随着城镇化和城市现代化建设的不断推进，越来越多的高层建筑、智能建筑、绿色建筑不断地出现，建筑物外立面的面积也越来越大。将太阳能光伏发电技术应用到建筑物外立面上，是现在光电建筑发展非常重要和最具市场潜力的领域。建筑外立面的应用形式包括幕墙、窗间墙、门窗等建筑外维护结构。目前，光伏组件有不透明、半透明、彩色或者多层玻璃等多种形式，同时也具有很好的保温、防水及安全性能，完全可以满足现在建筑幕墙的各种应用。

西班牙 –Museu de la Ciència i de la Tècnica de Catalunya（加泰罗尼亚科学技术博物馆）

该项目建在与博物馆相邻的一座公寓外墙上，总装机量为36kWp，采用了多种类型和不同颜色的晶硅电池组件。

建筑屋面应用

光电屋面是目前光伏系统应用于建筑上最广泛和成熟的类型，其特点是建筑屋顶结构与光伏系统相互的影响不大，设计、施工安装、运行维护相对简单易行，特别是针对既有建筑的光伏系统改造是最为有效可行的。除了常规的在既有建筑屋顶上直接架设太阳能电池组件外，也可以在新建建筑上直接设计成各种弧形的光伏电池组件来满足不同形状的建筑屋顶的外观。此外，也可以使用半透明的光伏电池组件来满足建筑物内的采光需求。

建筑附属设施的应用

　　光电建筑附属系统大体可以分为两种类型：一种是与建筑紧密相连，在建筑外立面，或是建筑屋面，或是与建筑延伸部分的部件和附属结构，其应用形式主要有雨棚、遮阳棚、阳光棚、遮阳板等；另一种就是单体、独立的主要以公共活动、遮阳蔽雨为目的的建筑物附属设施，它与普通房屋建筑的不同之处在于没有外围护结构，或仅局部有围挡结构，也就是通常所说的全开放或半开放建筑设施，常见的形式有公园和园林景观、城市广场设施、回廊、凉亭，建筑与建筑之间相连的半开放式的通道、走廊、天桥，停车场的遮阳棚，农场、苗圃的遮阳挡雨棚等等。建筑附属设施较建筑外立面的光伏发电技术应用要简单一些，因此光电建筑附属设施系统的应用就容易很多。

美国 – 位于加利福尼亚圣莫尼卡的一座民宅屋顶阳台
上安装的一套 2.4kWh 的遮阳棚太阳能系统。

其他类型的应用

　　以上的三个大类基本都是根据光伏发电技术应用于建筑的不同部位来划分的，除此之外，现代社会的建筑物类型、功能及用途存在多样性，所以根据建筑物的不同用途，在满足功能、艺术设计要求的同时，因地制宜的应用光伏发电技术，其市场潜力也是不可估量的。目前，这类光电建筑的应用有公共汽车站、道路隔音墙、城市公益建筑物等等。

德国 –PV Soundless Freising（弗莱辛光伏隔音障）
　　该项目于 2003 年 9 月建成投入运行，位于慕尼黑机场附近的高速公路旁，是当时世界上最大的光伏声障系统，总装机量为 500 kWp。该系统还采用了由 ISOFOTON 最新研发生产的陶瓷基光伏组件，其装配量达 338 kWp。

奥地利 –Solarbaum（太阳能树）

设计原则

　　光电建筑一体化是光伏系统依赖或依附于建筑的一种新能源利用形式，其主体是建筑，客体是光伏系统。因此，光电建筑设计应以不损害和影响建筑的效果、结构安全、功能和使用寿命为基本原则，任何对建筑本身产生损害和不良影响的光电建筑设计都是不合格的设计。

美国–HPA Energy Lab（夏威夷预备学院能源实验室）

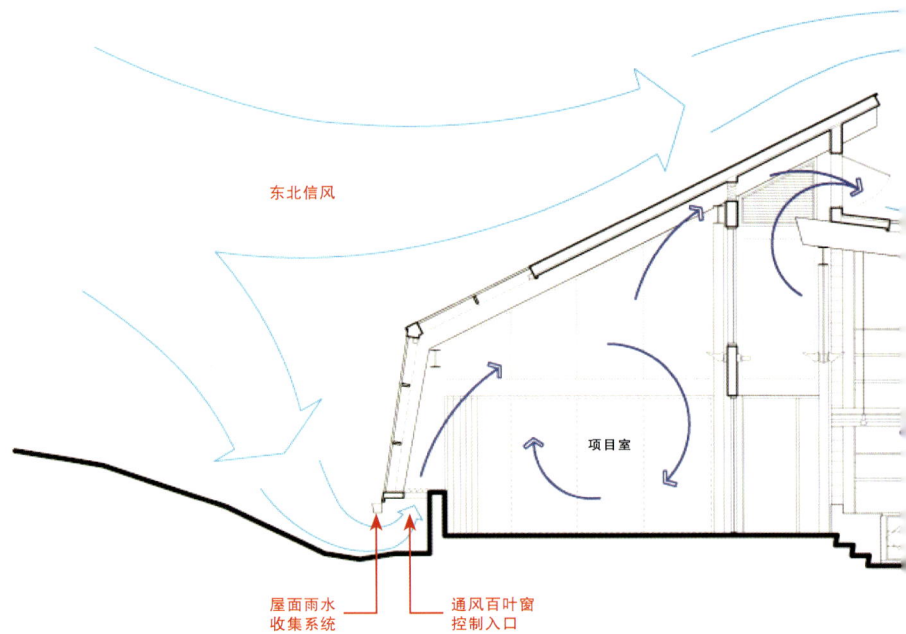

东北信风

项目室

屋面雨水
收集系统

通风百叶窗
控制入口

PV Building System Design

光电建筑设计

国外对太阳能光伏建筑系统的研究已有较长时间，光电建筑发展是从示范到推广，从屋顶光伏到与建筑集成，进而将光伏组件作为一种新型的建筑材料发展。目前，太阳电池组件功率为200W～300W，有向大尺寸发展趋势，作为光伏建筑材料，主要是作为光伏屋面和光伏幕墙，而这必须要按建筑特点与形式特殊设计制造。从发展来看，光伏建筑在太阳能建筑中魅力无比，一些设计师将太阳电池巧妙地、有机地与各类建筑融为一体。

从国外的光电建筑应用项目可发现一些特点：一是尽量满足最佳朝向和角度（如屋顶或向南墙面），以得到最大的发电收益；二是尽可能展示或突出太阳电池，为了具有观赏性甚至进行夸张设计。通过若干年的实践，已经出现了专业型的太阳能建筑设计与建造专业公司（主要从事绿色建筑）。

近年来，世界光伏市场发生了很大变化：由过去的独立运行（提水、照明等）和通讯设备、卫生保健、导航浮标等领域转向并网发电和与建筑物结合的常规供电；开始由作为补充性能源逐步向替代性能源过渡。

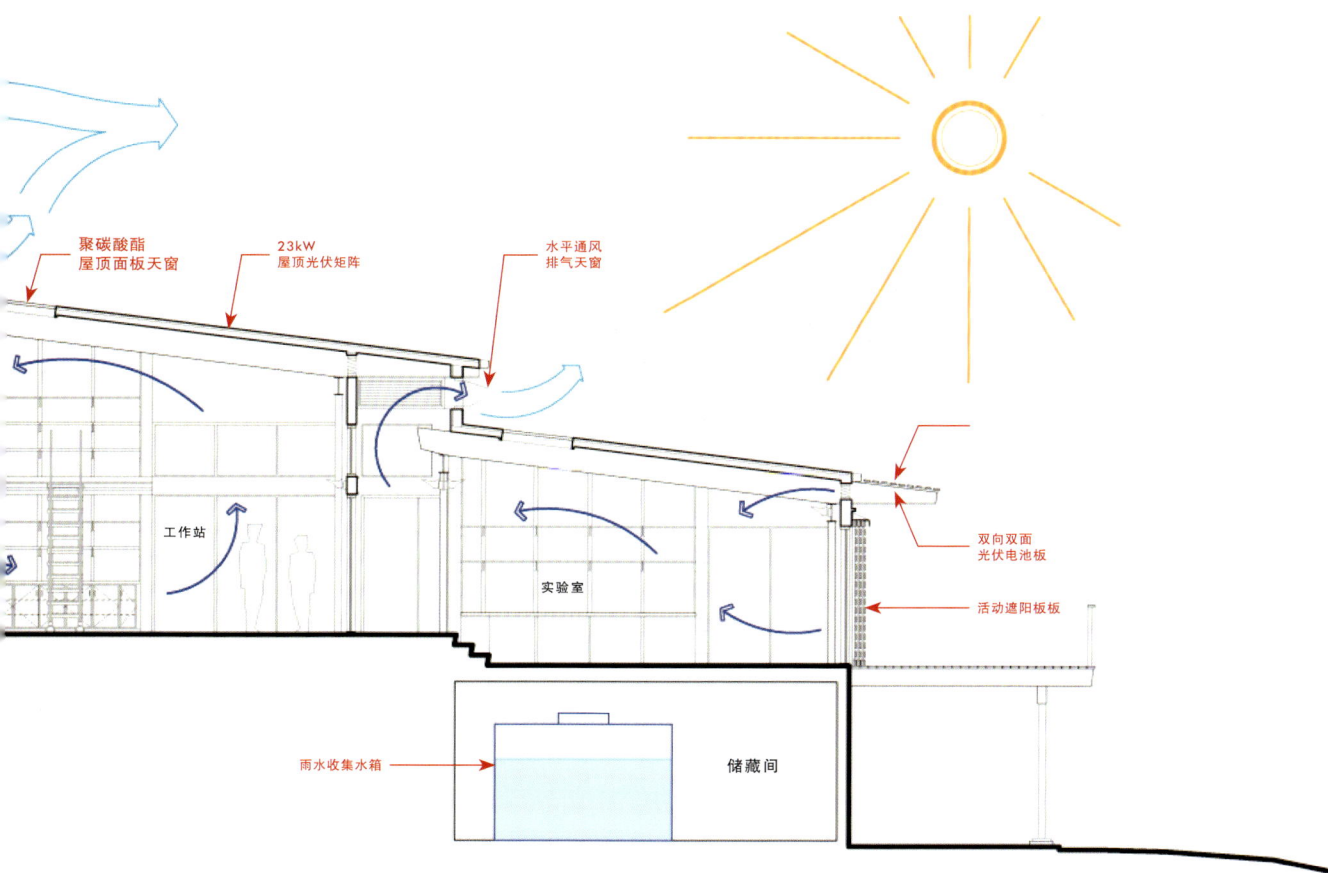

聚碳酸酯
屋顶面板天窗

23kW
屋顶光伏矩阵

水平通风
排气天窗

工作站

实验室

双向双面
光伏电池板

活动遮阳板板

雨水收集水箱

储藏间

建筑设计

　　光电建筑设计应从建筑设计入手，首先对建筑物所处地的地理气候条件及太阳能的资源情况进行分析，这是决定是否选用光电建筑的先决条件；其次是考虑建筑物的周边环境条件，即选用光电建筑的建筑部分接受太阳能的具体条件，如被其他建筑物遮挡，也不必考虑选用光电建筑形式；第三是与建筑物的外装饰的协调，光伏组件给建筑设计带来了新的挑战与机遇，画龙点睛的光电建筑设计会使建筑更富生机，环保绿色的设计理念更能体现建筑与自然的结合。最后，还要考虑光伏组件的吸热对建筑热环境的改变。

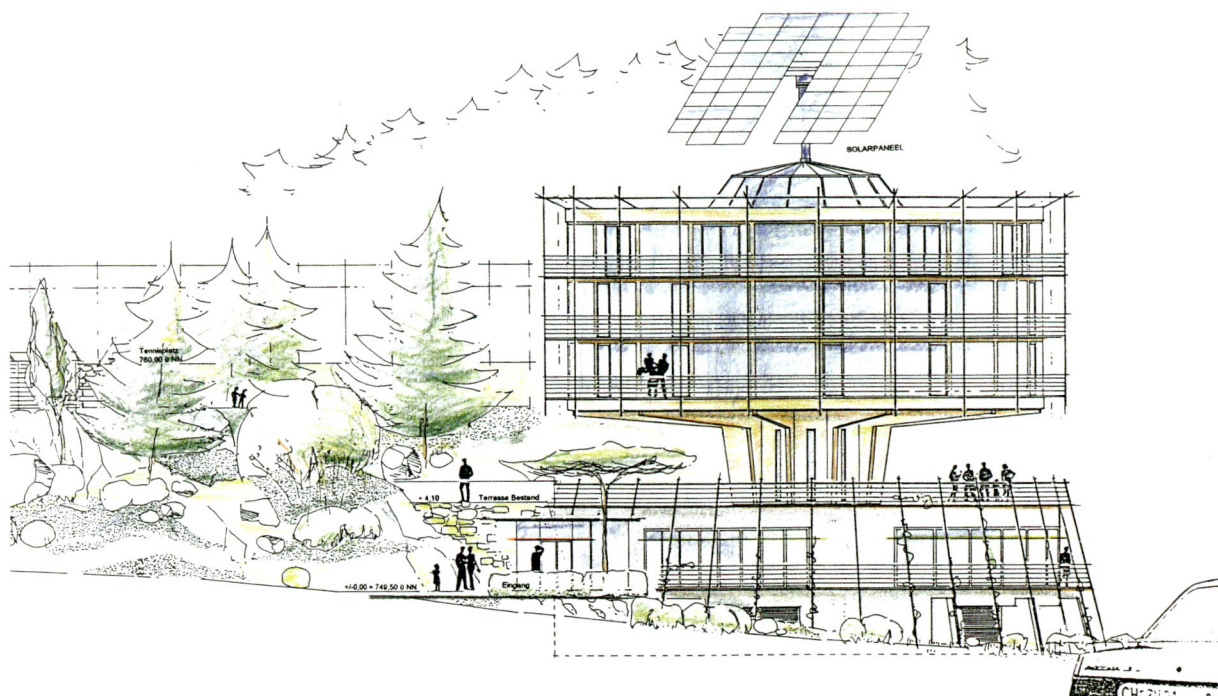

德国 –The Heliotrope Hotel（向日葵旅馆）

*　　作为 Rolf Disch SolarArchitektur 团队最具创造性的作品，它汇聚了生态、能源、经济和制造、工程技术、建筑设计等各种创新理念，为人们创造出一个高品质的生活空间，向人们充分展示了未来住宅的美好景象，该建筑每年的耗电量仅 20kWh，屋顶 54m²、6.6kWp 的"太阳能帆"配有双轴太阳跟踪系统，整个建筑与"太阳能帆"同步跟踪太阳进行旋转。*

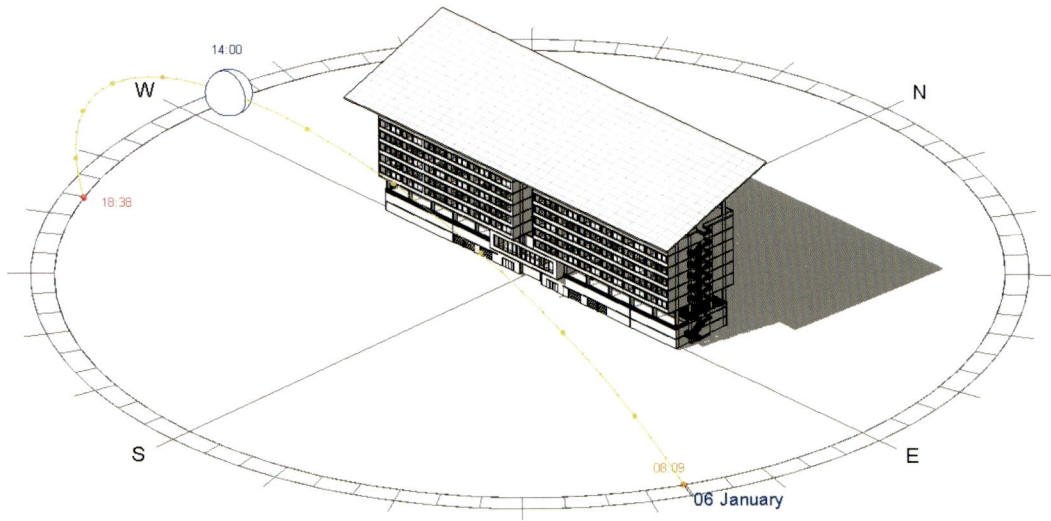

光伏系统设计

　　光电建筑的光伏发电系统设计与光伏电站的系统设计是不同的，光伏电站一般是根据负载或功率要求来设计光伏方阵大小并配套系统，光电建筑则是根据光伏方阵大小与建筑采光要求来确定发电的功率并配套系统。光电建筑的光伏系统设计包含三部分，分别为光伏方阵设计、光伏组件设计和光伏发电系统设计。

　　光伏方阵设计，在与建筑物结合或集成时，一方面要考虑建筑效果，如颜色与板块大小；另一方面要考虑其受光条件，如朝向与倾角。光伏组件设计，涉及电池片的选型（综合考虑外观色彩与发电量）与布置（结合板块大小、功率要求、电池片大小进行）；组件的装配设计（组件的密封与安装形式）。光伏发电系统的设计，即系统类型（并网系统或独立系统）确定，控制器、逆变器、蓄电池等的选型，防雷、系统综合布线、感应与显示等环节设计。

结构安全性与构造设计

光伏组件与建筑的结合，在结构安全性上涉及两方面：一是组件本身的结构安全，如高层建筑屋顶的风荷载较地面大很多，普通的光伏组件的强度能否承受，受风变形时是否会影响到电池片的正常工作等。二是固定组件的连接方式的安全性。组件的安装固定不是安装空调式的简单固定，而是需对连接件固定点进行相应的结构计算，并充分考虑仕使用期内的多种最不利情况。建筑的使用寿命一般在 50 年以上，光伏组件的使用寿命也在 20 年以上，光电建筑的结构安全性问题不可小视。

构造设计是关系到光伏组件工作状况与使用寿命的因素，普通组件的边框构造与固定方式相对单一。与建筑结合时，其工作环境与条件有变化，其构造也需要与建筑相结合。如隐框幕墙的无边框、采光顶的排水等普通组件边框已不适用。

　　建筑与人类如影随形，能源与人类不可分离。建筑是人们生活、生产、工作、娱乐、交往的场所，也是能源消耗最集中的地方，随着世界人口的不断增加，城市区域不断扩大，建筑面积不断增长，能源需求也越来越集中。传统意义上的建筑，在使用过程中是被动式的耗能体，然而光电建筑不仅具有节能保温功能，而且具有制造能源的功能，这是建筑史上最具深远意义的革命，同时也为太阳能光伏发电技术提供了最为广阔的应用领域。

GREETINGS TO THE SUN

问候太阳

美国 –Georgia Tech Campus Recreation Center（佐治亚工学院校园康体中心）

　　佐治亚工学院校园康体中心于 1996 年建成，并作为奥运会水上项目的比赛场馆。2004 年，按照"可持续发展校园"的总体规划，在其屋顶安装了 2 856 块光伏组件，该组件使用的是由学院有机光子学与电子技术中心研发的当时最先进的薄膜电池，总功率达到 342kWp，是当时世界第一大的薄膜并网屋顶光伏系统。2009 年，佐治亚工学院又使用了一种自行研发的"超疏水表面低反射率的 3-D 表面处理"新技术，提高了光伏电池的效率，使其重新焕发出新的光彩。

SELECTED

精选

新蒙特罗莎小屋　　　　瑞士
Neue Monte Rosa-Hütte

威海市民文化中心　　　中国
Weihai Public Cultural Center

弗劳恩霍夫太阳能系统研究所　德国
Premises for Fraunhofer ISE

高雄世运会主场馆　　　中国－台湾
National Stadium in Kaohsiung

太阳船太阳能社区　　　德国
Das Sonnenschiffs Solarsiedlung Vauban

广州新电视观光塔　　　中国
Canton Tower

加州科学院　　　　　　美国
California Academy of Sciences

论坛公园太阳能遮阳棚　西班牙
Parque Del Fòrum Solar Pergolas

蒙特赛尔学院　　　　　德国
Akademie Mont-Cenis

青岛火车站　　　　　　中国
Qingdao Railway Station

弗赖堡太阳能厂办公楼　德国
Solar-Fabrik Freiburg Bürogebäude

旭格体育场　　　　　　德国
Schüco Arena

SMA 太阳能培训中心　　德国
SMA Solar Academy

伊甸园教育中心　　　　英国
Eden Project Education Centre

尚德生态大楼　　　　　中国
Suntech ECO Building

AEON 购物中心　　　　日本
AEON Shopping Center

Neue Monte Rosa-Hütte

瑞士　新蒙特罗莎小屋

地点：Zermatt，Switzerland

坐标：45°57'25"N，7°48'53"E

建成时间：2009 年 9 月

建筑用途：观光、旅馆、餐饮、救护站

应用类型：建筑外立面

装机功率：15.6 kWp

规划设计：ETH Zürich，Hochschule Luzern，EMPA

项目实施：Bearth & Deplazes Architekten AG，Architektur + bauprozess，

　　　　　Architektur + Design GmbH，Zermatt und Lauber IWISA AG

　　"新蒙特罗莎小屋"（Neue Monte Rosa-Hütte）位于瑞士阿尔卑斯山脉自然冰川保护区内，海拔 2 883 米，与阿尔卑斯山脉的蒙特罗莎峰（4 634 米）咫尺相对。这座矗立在雪山之巅的木制结构山间"驿站"，内部的构造和装饰采用纯木质原生态设计，营造出温馨、舒适的氛围；外部包裹的银色铝板，使整个建筑在阳光下非常自然的融入在周围的环境之中，成为众多登山爱好者和游客休闲圣地。"新蒙特罗莎小屋"（Neue Monte Rosa-Hütte）南立面安装了光伏发电系统，凭借先进的管理控制系统，得以实现 90% 能源与供水的自给自足，从而成为可持续建筑的里程碑，以及保护环境、以人为本的资源可持续利用的成功案例。

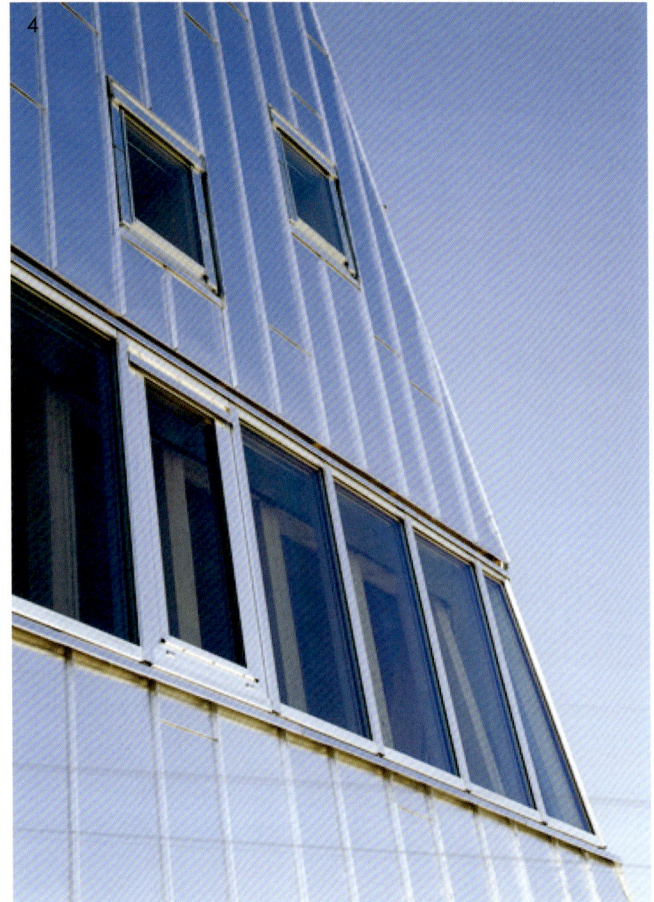

　　"新蒙特罗莎小屋"（Neue Monte Rosa-Hütte）主要供登山者、滑雪者、旅游者使用。建筑内部的构造和装饰采用纯木质设计，建筑外墙装饰则采用了新型可回收的铝板，在不破坏周边环境的同时也很好的保护了内部木质结构不受环境侵蚀。五层木制框架结构的山间"驿站"的内部功能设施一应俱全，除了设有餐厅、厨房、卫生间、救护室、设备间、储藏室等基本功能区外，还拥有 18 间客房，共 120 个床位。其中包括 10 个双人床和 12 个冬季室床位；4 间带有卫生间、淋浴的双人管理室；4 个公共卫生间分别设有 6 个厕所和 3 个小便器；14 个淋浴室共设 24 个淋浴间。

1. 建筑东立面局部

2. 餐厅一角

3. 建筑外木制安全梯

4. 建筑外窗

5. 纯木质结构和装饰的一层餐厅

6. 楼梯间

7. 纯木质结构和装饰的客房

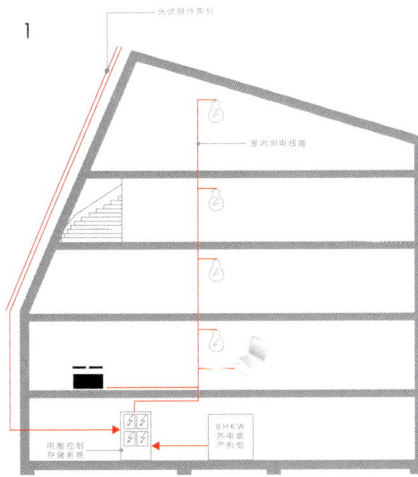

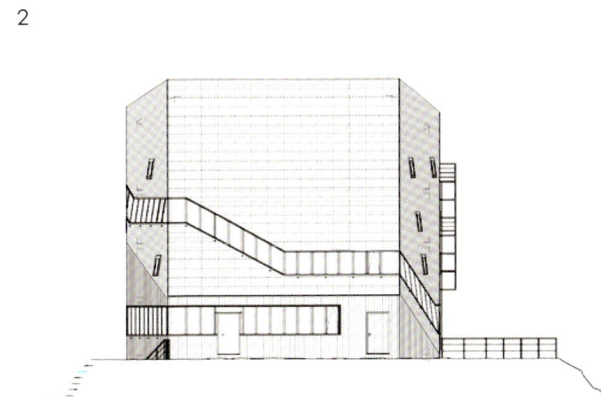

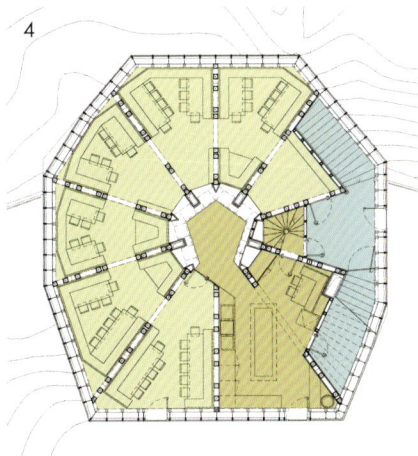

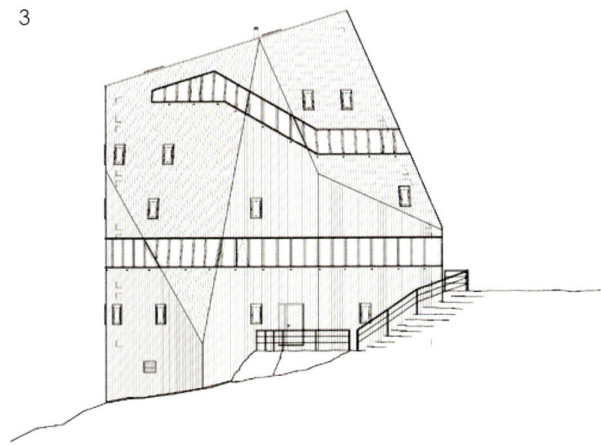

1. 建筑电力供给系统概念图

2. 建筑南立面设计图

3. 建筑西立面设计图

4. 一层平面布置功能分区设计图

5. 施工现场照片

6. 建筑师通过不规则积木模块演示其不规则外形设计概念的稳定性

7. 钢结构基座安装施工照片

8. 建筑外围施工照片

9. 可回收铝制外墙装饰板细部照片

10. 建筑西侧实景照片

在这极端偏远、海拔高度近 3 000 米的地方，没有公共电源、水源以及交通设施，只能通过徒步、滑雪板或直升机才能到达的地方，无疑对建设、运营以及资源利用和可持续发展是一个巨大的挑战。将"新蒙特罗莎小屋"（Neue Monte Rosa-Hütte）这样一个几乎完全独立的建筑物竖立在冰川之上，这对建筑的能源供应、环境平衡以及安全性来说都是一个非常富有创造性的计划。

由于复杂而恶劣的气候条件，利用风能的方案被否决，其中的原因还包括低温下转子冻结，风力发电机所产生的噪音等等原因。因此整个"新蒙特罗莎小屋"（Neue Monte Rosa-Hütte）90% 的能源都来自于太阳能，只有食物和 10% 的辅助能源依赖外部供给。"新蒙特罗莎小屋"的 90% 的电力供应主要依靠南立面 110m² 的光伏幕墙所产生的电能，其余 10% 的电力由一套热电联产机组（BHKW）供给，当整个系统电能过剩时会储存到蓄电池中。同时，"新蒙特罗莎小屋"（Neue Monte Rosa-Hütte）还拥有一套非常完备的能源管理调节控制系统，它可以根据室外气候和预先设计好的负载条件程序对能源系统进行有效的管理，使建筑物中的每个配套部件始终保持更高效、更节能的运行。

6

"新蒙特罗莎小屋"（Neue Monte Rosa-Hütte）
能源与建筑基本数据表：

项目名称	参　数
能源自给率	90%
光伏系统	总面积：110 m² 净面积：84 m² 峰值功率：15.6 kW
光热系统	总面积：60.5 m² 净面积：56 m²
应急发电机（BHKW）	电功率：8.5 kW（标准条件下） 热效能：19 kW
通风系统流量	4 300 m³/h
岩体蓄水存储量	200 m³
预计用水量	120 m³/a
微生物污水处理	厕所冲洗采用微生物处理装置产生的中水
气象站	智能能源管理气象环境数据
建筑参数	
占地面积	698 m²
交通占地	127 m²
功能面	74 m²
建筑净面积	899 m²
建筑基础面积	255 m²
建筑面积	1 154 m²
建筑容积	3 369 m³（热） 330 m³（冷）
建筑总容积	3 699 m³
建筑外墙窗	128 m²
建筑外墙总面积	1 108 m²
建筑总重量	约 280 t

Weihai Public Cultural Center

中国　威海市民文化中心

地点：威海市，山东省，中国
坐标：37°28'4"N，122°8'25"E
建成时间：2009 年 10 月
建筑用途：博物馆、活动中心、展览、会议
应用类型：建筑屋面
装机功率：480 kWp
年发电量：330 MWh
系统提供商：威海中玻光电有限公司
系统安装商：珠海兴业绿色建筑科技有限公司

　　威海市民文化中心集威海市博物馆、美术馆、青少年宫、妇女儿童活动中心、城市规划馆和科技馆于一体，总建筑面积约 6.3 万平方米，是目前世界上最大的非晶硅并网单体光电建筑项目之一；同时该工程也打破了"玻璃电池组件"全部是平面设计安装的常规，成为世界上首个采取波浪形设计的光伏一体化屋顶。

　　威海市民文化中心的建筑从整体上体现了海的风格、海的神韵，具有浓郁海的气息和强烈的现代风格。玻璃材质对周边环境的反射，使建筑物完美的融到周边的环境中。金属结构、大面积的玻璃，流畅的线条、光线、色彩，这些或刚或柔的材料和元素，组成跳动的音符和流动的乐章，变幻于具体与抽象之间。

交融在海天之间的威海市民文化中心

威海市民文化中心的光伏屋面系统面积达 7 800 余平方米，由 2 494 片非晶硅太阳能薄膜电池串并联组成，峰值功率为 480kW，年发电量可达 33MWh 时。据估算，该系统产生的电力可占整个市民文化中心消耗电力的 6%，主要用于照明和部分办公。这样每年可节省标准煤 118 吨，减排二氧化碳 327 吨、二氧化硫 9.8 吨、氮氧化物 780 公斤，社会效益和经济效益十分可观，被住房城乡建设部、财政部列为第一批"可再生能源建筑应用示范项目"，是绿色建筑的典范，也成为了威海市一个新的地标性建筑。

1

波浪形的双曲屋面是整个建筑的建筑特色，也是外围护结构的难点和重点。此外，光伏组件的选型、分格和不同类型的组件匹配，都是该项目须攻克的技术课题。

项目设计施工团队首先将屋面曲面通过计算机三维模型进行拟合整体分析，模拟出了 2 518 块 1 050mm×2 100mm 标准分格尺寸，其中 286 块异形非晶硅电池有 23 种规格；在组件支撑系统安装中采用双调节系统，可调节钢结构平面与屋面曲面之间的高差，从而解决了单块玻璃组件分格四点高差最大为 6mm 的技术难题，同时也有效地消除了与主结构施工中存在的误差。

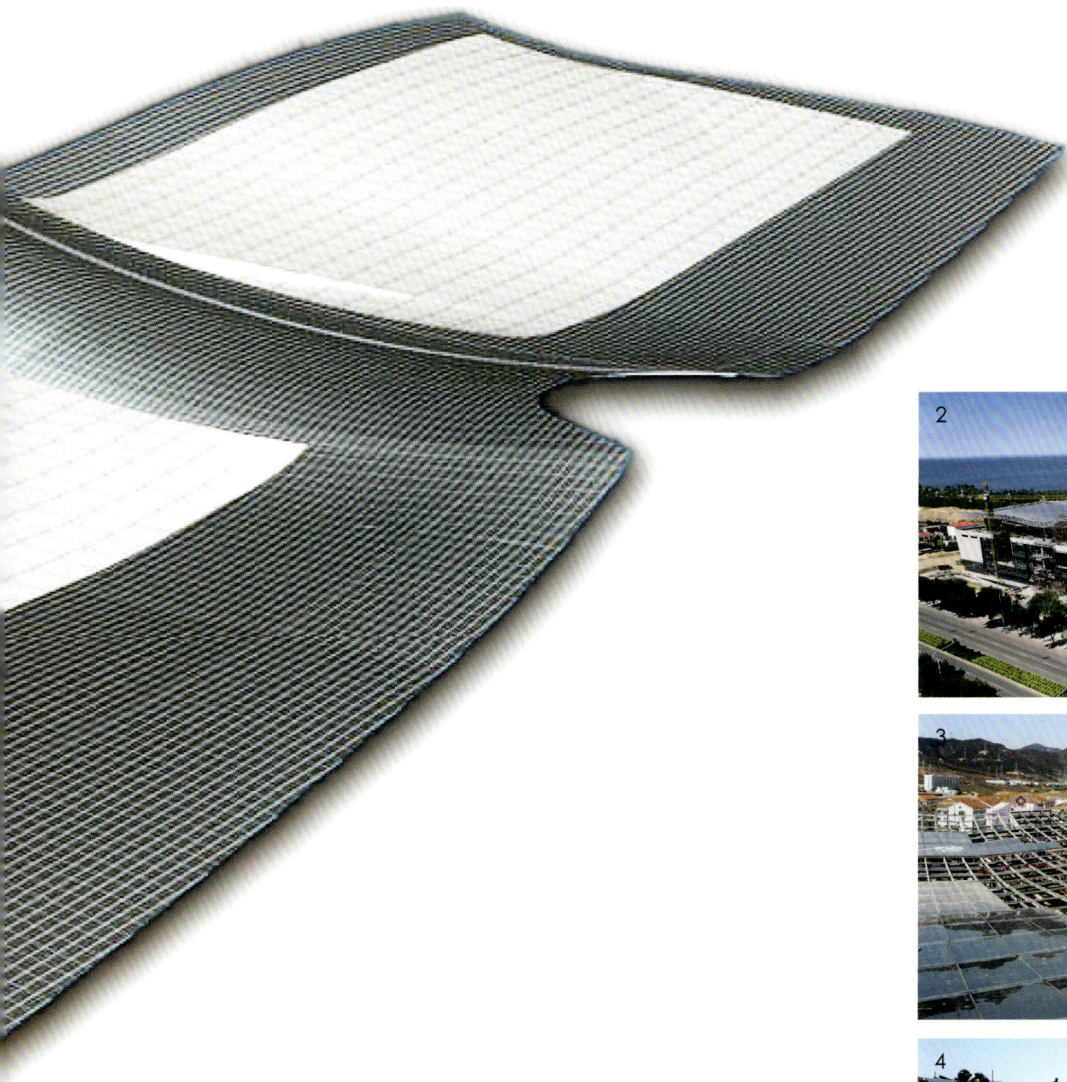

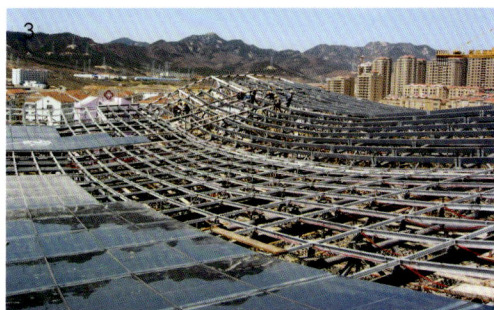

1. 通过计算机模拟出的屋面三维图
2. 建设中的威海市民文化中心
3. 屋面施工现场照片
4. 屋面摆放着的待安装的光伏组件
5. 屋面光伏组件支架系统及布线施工照片

Premises for Fraunhofer ISE

德国　弗劳恩霍夫太阳能系统研究所

地点：Freiburg，Baden-Württemberg，Germany

坐标：48°0'34"N，7°50'4"E

建成时间：2001 年 6 月

建筑用途：科研、办公

应用类型：建筑外立面、屋面、遮阳棚板

装机功率：20 kWp

年发电量：15 MWh

建筑设计：University of East Anglia

系统设计：Fraunhofer ISE（Institut for Solare Energiesysteme）

组件提供商：Gobain Glass Solar GmbH

弗劳恩霍夫协会太阳能系统研究所远景

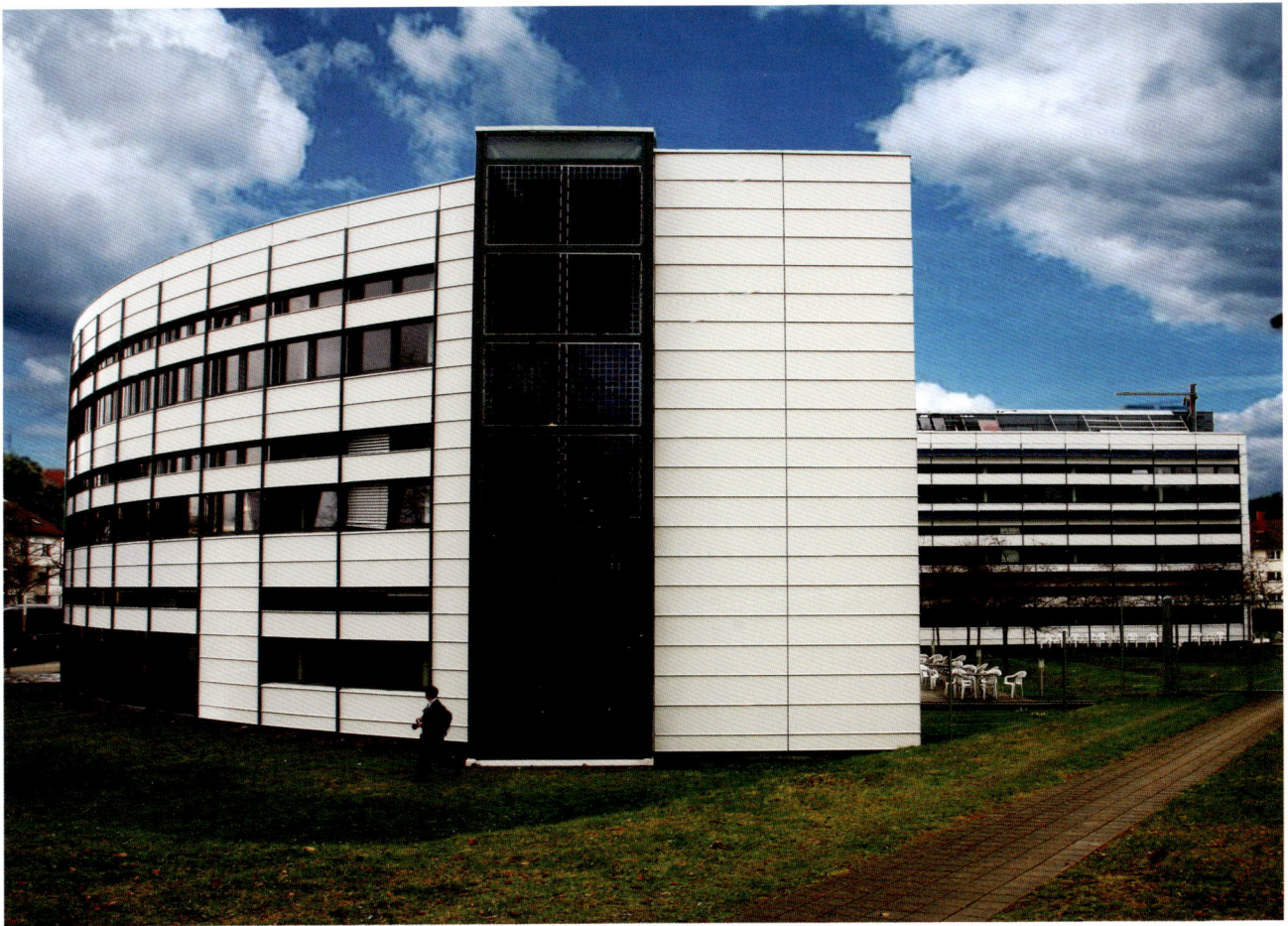

研究所大楼南立面

　　德国弗劳恩霍夫应用研究促进协会（Fraunhofer-Gesellschaft）是德国也是欧洲最大的应用科学研究机构，弗劳恩霍夫协会太阳能系统研究所（Premises for Fraunhofer ISE）新大楼位于弗赖堡中心区的北部边缘，占地约 0.5 平方公里，总建筑面积为 13 000 平方米，净使用面积为 6 500 平方米，由六座建筑物组成。三分之一为办公室使用，其余的三分之二供实验室和工作使用。建筑总成本约为 11 亿欧元（1 700 欧元／平方米），于 2001 年 7 月建造完成，该建筑是高功能性与低能源消耗完美结合的环保建筑。

　　该建筑群大部分为三层高，三个东西走向的平行建筑由南北走向的侧厅建筑连接形成梳状结构，从而加大了建筑内部分区的采光，同时在保温、太阳能控制、照明和通风设计上，按照现行写字楼建筑规范要求，将能耗计划控制在 35％以下。

研究所大楼光伏应用系统分布图

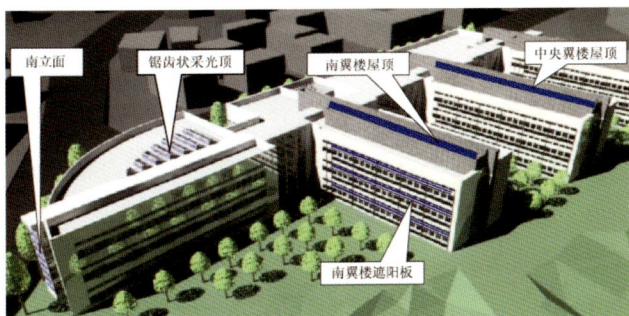

光伏系统的位置和额定功率表：

位 置	功率（kWp）	安装类型
南立面	2.4	隔热玻璃
锯齿状采光顶	5.0	隔热玻璃
南翼楼遮阳板	3.9	垂直＋倾斜
南翼楼屋顶	4.5	平面屋顶
中央翼楼屋顶	4.8	平面屋顶

　　该建筑群的梳状结构设计间距为最小遮光距离，从而保障各楼宇内部都具有良好的采光条件，同时也为建筑屋顶架设光伏系统提供最佳光照条件。本光电建筑的组件基本都采用一体化设计方案，并在建筑的五个不同部位安装。

　　在建筑南立面幕墙和锯齿状采光顶使用的是双层玻璃封装太阳能电池，南翼楼和中央翼楼屋顶直接覆盖安装光伏矩阵，南翼楼南立面则采用了光伏遮阳板的形式。新大楼建筑设计每平方米照明用电为 7.7 千瓦时，对于 2 000 平方米的办公面积来说，这相当于每年照明用电量约为 15 400 千瓦时。因此，在这样一种组合设计下，整个建筑光伏系统一年约产生 15 兆瓦的电能，将满足整个新大楼的办公室照明的需求。

南翼楼光伏遮阳棚和光伏屋顶实景

主楼南立面光伏采光幕墙

1. 每个约重 50 公斤的电池组件由安装人员放置到屋顶预制好的钢结构架上
2. 拼装组件矩阵，并对每块组件之间的缝隙进行密封处理
3. 安装组件压条及相关防护配件，防止被强风掀起
4. 进行管线敷设和电路系统的安装调试
5. 一体化光伏采光顶系统安装完成
6～7. 室内看到的光伏采光顶景象

7

National Stadium in Kaohsiung

中国·台湾　高雄世运会主场馆

地点：高雄市，台湾，中国
坐标：22°42'54"N，120°17'43"E
建成时间：2009 年 1 月
建筑用途：体育馆
应用类型：建筑遮阳棚板

装机功率：1 MWp
年发电量：1100 MWh
建筑设计：伊东丰雄（Toyo Ito）
系统设计：竹中工务店（日本），台达电子工业股份有限公司
系统安装商：台达电子工业股份有限公司

　　以"高雄世运会主场馆"为中心的运动公园占地近二十公顷，总投资近 53 亿元新台币。在建筑设计方面，为了呈现高雄的活力，设计师伊东丰雄摒弃传统运动场封闭式的设计，大胆的以开放性为主轴，规划开放式运动场（开放体育场）、都会公园（城市公园）、螺旋连续体等三个设计概念，为 21 世纪运动场形体设计进行了创新性的定义。伊东丰雄所设计的这座主场馆，巧妙地将当地人文和自然景观融合在一起，非常熟稔地在建筑外层覆上大自然元素，很奇妙地将原本冰冷刚硬、如如不动的建筑，成就为既流动又固定的建筑体。馆场屋顶结构采用螺旋与波浪的外型设计，从外观来看，高雄世运主场馆像一道波浪，在阳光下闪烁"河流一般的流动感"，营造出旋转流动的视觉效果，呈现运动的跃动感。

1~3. 高空俯瞰体育场全景
4~5. 体育场馆外围钢管网状结构

1. 世运会开幕式夜景
2～3. 体育场内看台区实景
4. 看台光伏棚顶
5. 体育场看台观众通道
6. 体育场看台全景

主场馆占地 2.2 万平方公尺，总建筑面积 9.5 万平方公尺，高 35.5 公尺，具有 4 万个观众座席，预设 1.5 万个临时观众站席，以及相关的运动、休闲、娱乐等配套设施。这座可为 5.5 万人提供使用的巨型单体建筑同时拥有多项 "第一"：它是全球第一座采用 "开口" 式设计的运动场馆；全球第一座具有兆瓦级太阳能发电功率的运动场馆；是台湾第一座同时符合国际田径总会（IAAF）及国际足球总会（FIFA）要求的标准运动场馆。

光伏组件
夹胶玻璃

高雄世运会主场馆 遮阳棚结构示意图

螺旋状钢结构

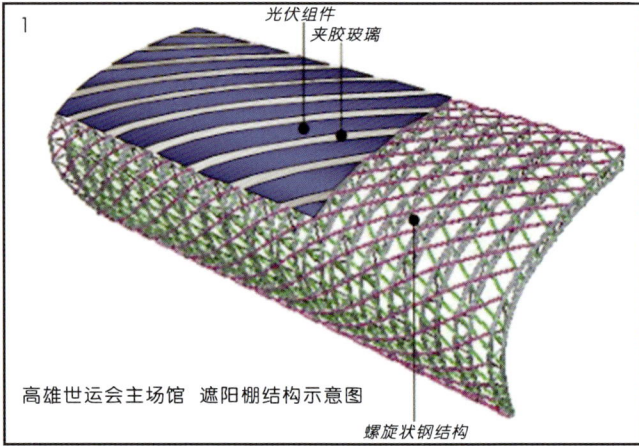

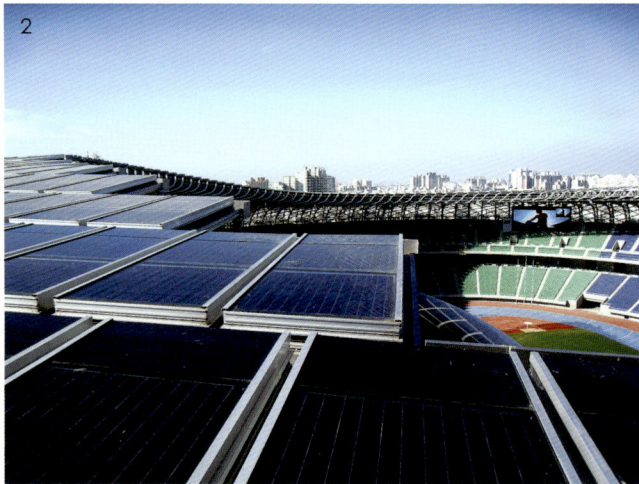

1. 棚板结构示意图

2~4. 看台棚顶的光伏组件

5~6. 光伏棚顶底部结构

7~9. 场馆平面和剖面图

最重要的是，高雄世运会主场馆采用将太阳能光伏组件和看台棚顶相结合的建筑一体化设计，在维持看台棚顶 72% 太阳光遮蔽率的设计要求下，其光电遮阳棚系统采用了 8 844 片无框式光伏组件，并搭配使用夹胶玻璃，从而在减少不必要的工程设施的同时，也满足了在有赛事时馆场七成的用电需求；这套巨大的光电遮阳棚系统除了每年可以产生约 110 万度的电力外，更可以减少 660 吨的二氧化碳；同时，在非赛事期间可以将多余的电出售给公共电网，预估一年可以出售电力进账约 500 万元新台币。在台湾，"高雄世运会主场馆"的单体建筑规模以及光伏发电装机量，都是最大的光电建筑之一，也是台湾永续公共工程与节能减碳结合下的最著名、效能最佳案例之一。

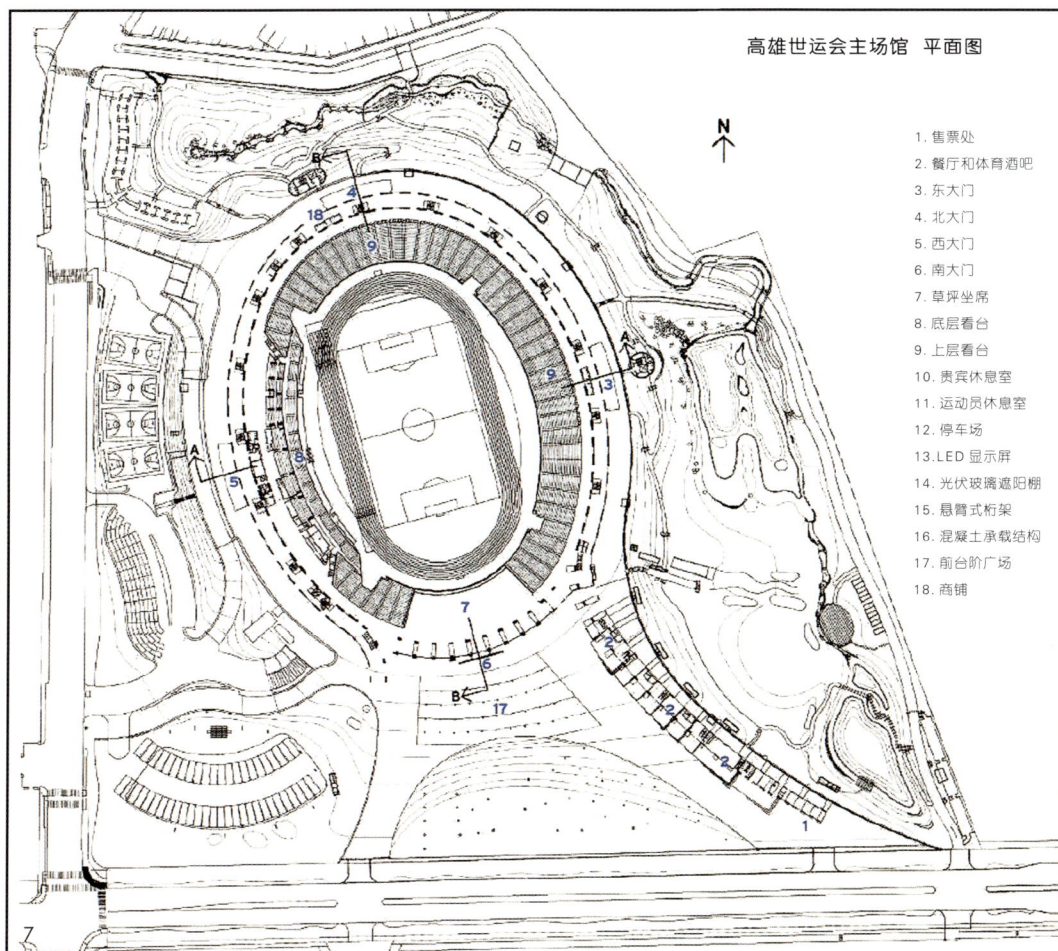

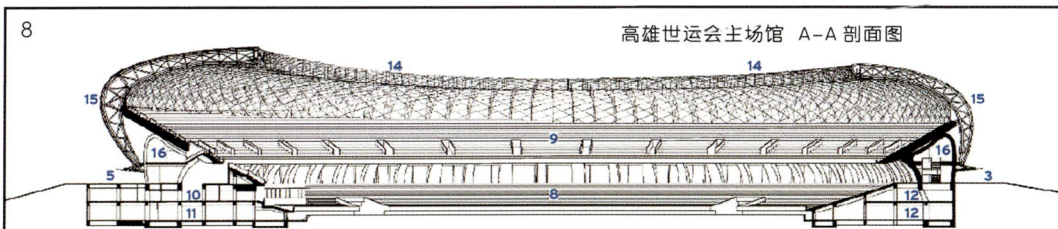

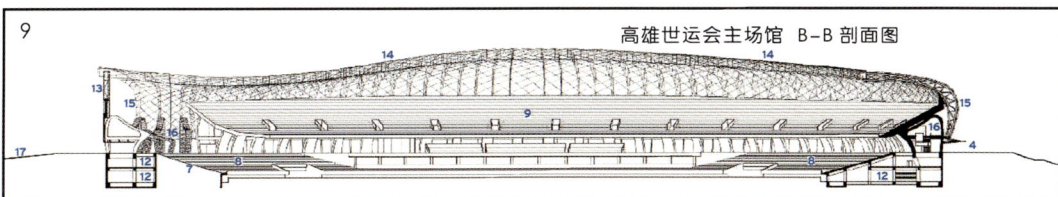

高雄世运会主场馆 平面图

N

1. 售票处
2. 餐厅和体育酒吧
3. 东大门
4. 北大门
5. 西大门
6. 南大门
7. 草坪坐席
8. 底层看台
9. 上层看台
10. 贵宾休息室
11. 运动员休息室
12. 停车场
13. LED 显示屏
14. 光伏玻璃遮阳棚
15. 悬臂式桁架
16. 混凝土承载结构
17. 前台阶广场
18. 商铺

高雄世运会主场馆 A—A 剖面图

高雄世运会主场馆 B—B 剖面图

Das Sonnenschiffs Solarsiedlung Vauban

德国　太阳船太阳能社区

地点： Freiburg，Baden-Württemberg，Germany

坐标： 47°58'30"N，7°49'46"E

建成时间： 2006 年 6 月

建筑用途： 商业、住宅混合社区

应用类型： 建筑屋面

装机功率： 445 kWp

年发电量： 420 MWh

项目开发： Solarsiedlung GmbH

建筑设计： Rolf Disch Solar Architektur

社区临街联排综合楼就像一艘美丽的帆船，屋顶的"太阳帆"给这艘巨型"船"提供着源源不断的清洁能源；宛如舰船彩旗的装饰板镶嵌其中，错落有致。该项目延续了设计者"Plusenergiehaus"（+能源屋）的理念，同时开创了新能源利用社区整体设计的新模式，因而获得了"Global Energy Award"（全球能源奖）。

"Das Sonnenschiffs Solarsiedlung Vauban"（太阳船太阳能社区）集商业、办公、餐饮、医疗、住宅于一体，总建筑面积达 11 000 平方米，社区所有的建筑南面屋顶上覆盖着大面积的太阳能光伏发电系统。在"太阳船"的空中花园上，你可以看到孩子们在彩色的幸福家园、花园、街头之间玩耍，整个社区的蓝色屋顶在阳光下闪耀着优雅和谐的光芒，同时屋顶上安装的太阳能电池板也为社区内每个家庭提供着源源不断的绿色能源和可观的收益。该项目遵循可持续建筑原则设计，尽量减少能源消耗，以及对环境的影响，最大限度地对土地进行合理利用，同时也将"能源盈余屋"（Energy Surplus Houses）的创造性设计和开发理念付诸实践。为此，2006 年"太阳船"太阳能社区被评为"德国最美的住宅社区"美誉，之后也获得了"德国地方可持续发展奖"等荣誉。

1~3. 社区内形态各异的建筑近照
4. 屋檐下看到的光伏屋面底部结构
5. 社区平面示意图

"Das Sonnenschiffs Solarsiedlung Vauban" 是当今欧洲最现代化的光电建筑一体化住宅社区项目之一。它将 50 套"能源盈余屋"（Energy Surplus Houses）集合在一起，同时又采取了最具创新性的模块化设计理念。

　　首先，社区建筑外形、户型结构和屋顶均采用简单的长方形设计方案，这样可以很容易地进行复制，与其他附件模块相结合，从而形成独立、半独立和联排住宅。因此，开发商可以根据完全不同的居住或工作的需要，对建筑内部进行开放式细化设计和再组合设计。

　　社区内每座单体、联排建筑的光伏屋面设计也完全以太阳照射最佳角度为中心，使每套光伏系统的转换率能始终保持最佳状态，同时也确保房间内有充足的自然采光。

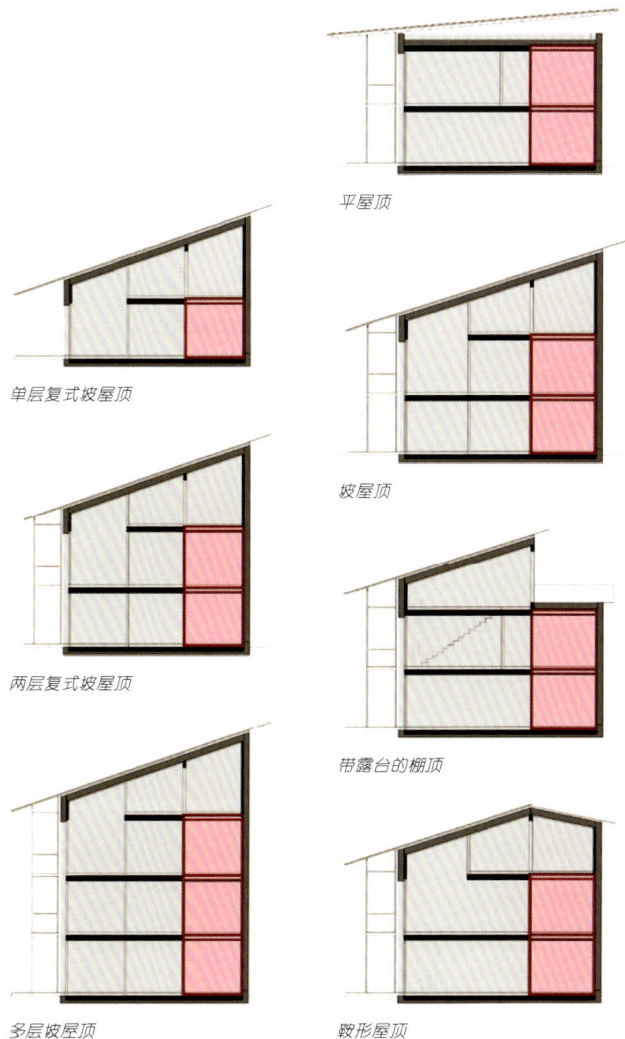

平屋顶

单层复式坡屋顶

坡屋顶

两层复式坡屋顶

带露台的棚顶

多层坡屋顶

鞍形屋顶

建筑屋面类型设计图

建筑单元模块元素组合演示

阳光照射角度示意图

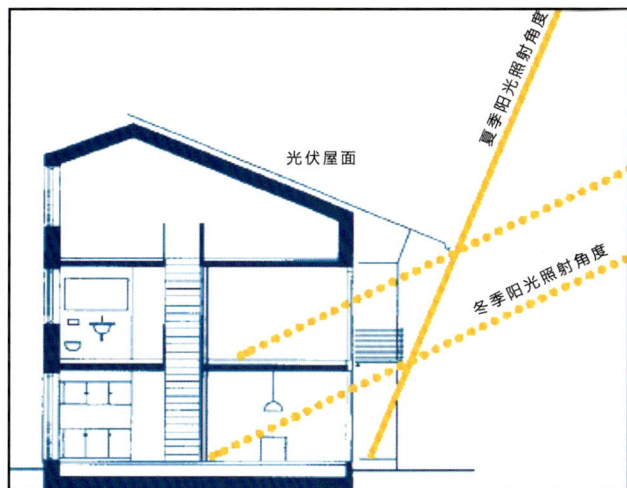

光伏屋面

夏季阳光照射角度

冬季阳光照射角度

"Powerbox"（能源盒）

社区中每个"能源盈余屋"（Energy Surplus Houses）拥有一个核心模块——"Powerbox"（能源盒），这是建筑的心脏、大脑和肺部。屋顶产生的电能和智能建筑的外表所吸收的热能，首先进入屋中模块化的"Powerbox"（能源盒），然后再进行重新分配。在这里，包含有太阳能电站的蓄电池和储热水箱、配电箱、仪表、管线和所有控制设备，室内基本的电力、供水、供热、通风系统都在此进行优化，同时还进行监控。此外，"Powerbox"（能源盒）它还集成了厨房、盥洗、储藏和层接等功能，这种集中式的设计方案，不仅使室内的起居、活动空间更加充沛，同时便于对能源消耗和废弃物排放进行集中管理。

社区中"Powerbox"（能源盒）模块的另一个优点是：可以预制，就像制作一个电器元件一样，"Powerbox"（能源盒）可以根据设计需求预先在工厂里制作加工好。如果正在兴建大量的"能源盈余屋"（Energy Surplus Houses）时，这样的预制模块设计、制造模式，协调起来就非常有效、节省时间，同时工程质量还能得到有效的保障。

"Powerbox"（能源盒）平面图

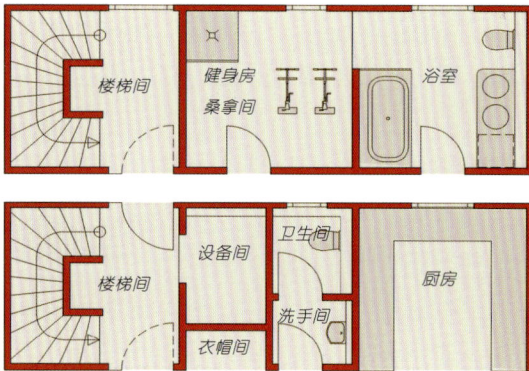

"Powerbox"（能源盒）装配过程

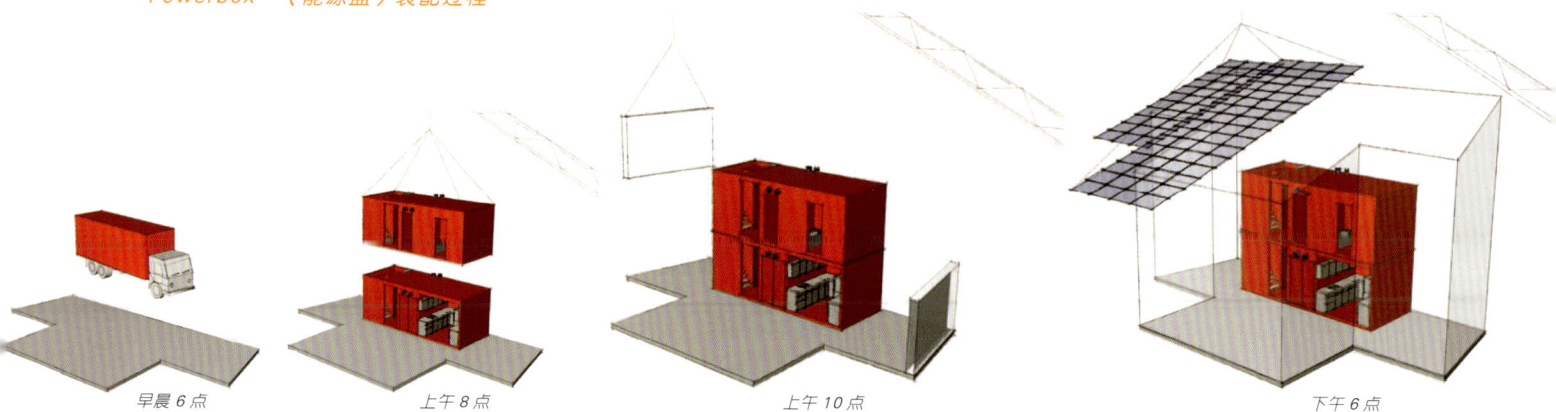

早晨6点　　上午8点　　上午10点　　下午6点

Canton Tower

中国　广州新电视观光塔

地点：广州市，广东省，中国

坐标：23°6'22"N，113°19'29"E

建成时间：2010 年 10 月

建筑用途：观光、餐饮

应用类型：外立面

电池类型：薄膜

装机功率：20 kWp（1120m²）

年发电量：12.66 MWh

建筑设计：IBA（Information Based Architecture）

组件提供商：深圳市创益科技发展有限公司，威海中玻光电有限公司

安装承包商：深圳金粤幕墙装饰工程有限公司

左图：广州市中心城区新地标——广州新电视观光塔
右图：广州新电视观光塔顶层外墙安装的是光伏幕墙玻璃

广州新电视观光塔光伏幕墙位于标高 438.4 米～446.8 米的阻尼层，面积 1 120m²，是当今世界位置最高、几何形状最复杂、安装施工难度最大的光伏玻璃幕墙项目之一。在广州新电视观光塔的建设过程中，建设方选择在这座地位十分重要、形体十分复杂的建筑高点位置设置光伏玻璃幕墙，表达了政府对倡导建设低碳城市、推动可再生能源应用的意志和决心；同时也反映出中国在光电建筑领域的设计、安装技术以及组件制造水平达到了一个新的高度。通过广州新电视观光塔光伏玻璃幕墙工程这一应用案例，解决了超高层建筑光伏系统风压大、抗风压变形等各项性能要求高以及椭圆台形状的外表面光伏组件的受光条件不同而带来的一系列问题，探索了异形光伏组件的解决方案，获得了关于此类特殊建筑上建造特殊光伏幕墙的实践经验。

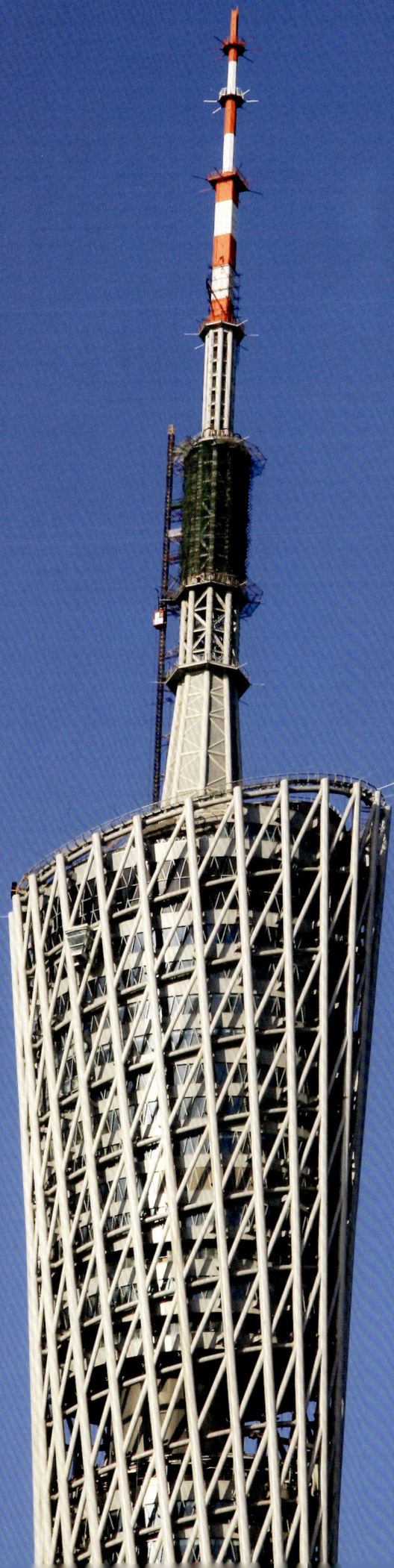

　　广州新电视观光塔以 600 米的高度创造了现今世界电视观光塔的最高记录，由于它建筑造型的独特性，导致了其结构、外装饰等一系列分项设计和施工的挑战性和独创性。广州塔长细比约为 7:5，主体结构超高、超柔，对风荷载作用十分敏感，而且其主体结构的椭圆形基本元素和非规则旋转的成形原理，使得光伏幕墙系统设计需要充分考虑风荷载的影响，解决由于幕墙外形跟随建筑主体呈非规则椭圆台状而带来的一系列问题。

针对外钢筒阴影遮挡、幕墙面外倾（倾角在 85°～88°之间）以及朝向不规则等不利因素，我们选择非晶硅电池组件作为面板，利用非晶硅薄膜电池的弱光响应特性好、对阳光入射角度要求范围宽、散射光接受率高等特性，降低幕墙外形曲面、角度向外倾斜和外钢筒钢柱的遮挡等不利因素的影响，获得较好的发电性能。同时，采用透光率 15％的非晶硅电池组件，可实现采光和观景的需要，兼顾了建筑总体装饰风格协调性；此外，非晶硅薄膜电池具有良好的高温发电性能，也非常适用于广州夏季相对高温的工作环境；以及非晶硅薄膜电池抗应变能力较强，能更好地适应新电视塔高风压的特性。

由于幕墙外形为不规则椭圆台形、同一时刻相邻光伏组件的受光条件不同，采取根据不同方位角进行分区，采用合理的串、并联方式，降低电路不平衡现象。本工程光伏组件为异形、超大，总计 348 块组件规格皆各不相同。其中三角形组件规格为：底边 × 高（1 630mm～1 890mm）× 3 000mm，四边形尺寸规格为：宽 × 高（1 630mm～1 890mm）× 2 200mm，单块玻璃需要由几块光伏面板组成。为减少电池组件夹胶合片过程中由于位移偏差而导致组件内部拼缝的错位问题，采用大分格的薄膜电池。并通过结构计算选择合适厚度的内外片玻璃与薄膜电池合片，组成超大、异形光伏组件。同时采用合理的焊线技术，解决大玻璃板块的焊线工艺难题。

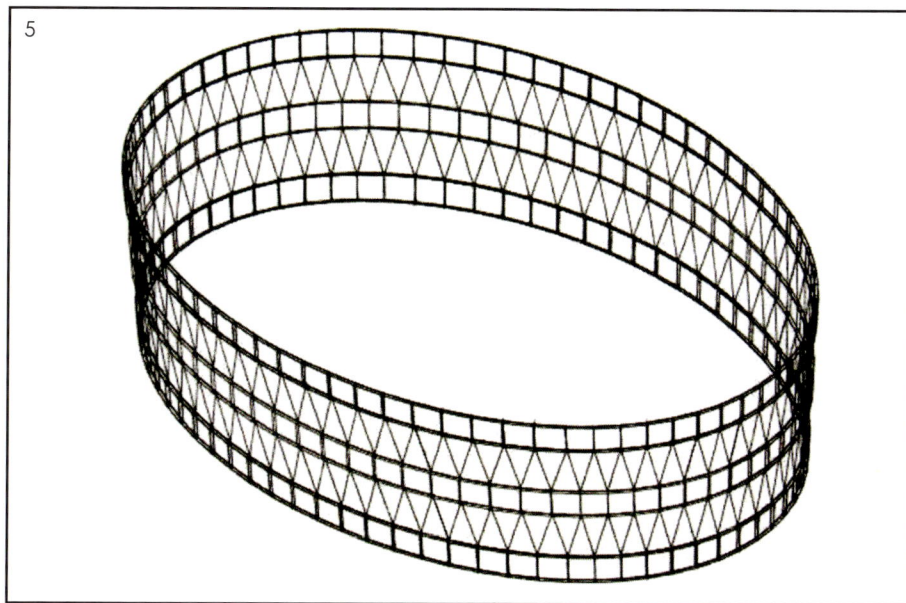

1. 巨型钢结构塔身
2. 塔顶层的玻璃幕墙由光伏组件构成
3～4. 从内部可以充分感受到薄膜组件良好的采光和观景效果
5. 通过计算机模拟椭圆形光电幕墙区域分格的三维效果

The California Academy of Sciences

美国 加州科学院

地点：San Francisco，California，USA

坐标：37°46'11"N，122°27'58"W

建成时间：2008 年 8 月

建筑用途：博物馆、展览

应用类型：建筑遮阳棚板

装机功率：172 kWp

年发电量：213 MWh

建筑设计：Renzo Piano

系统设计：Open Energy Corporation

组件提供商：尚德电力控股有限公司 SunPower Corporation，PPG Industries

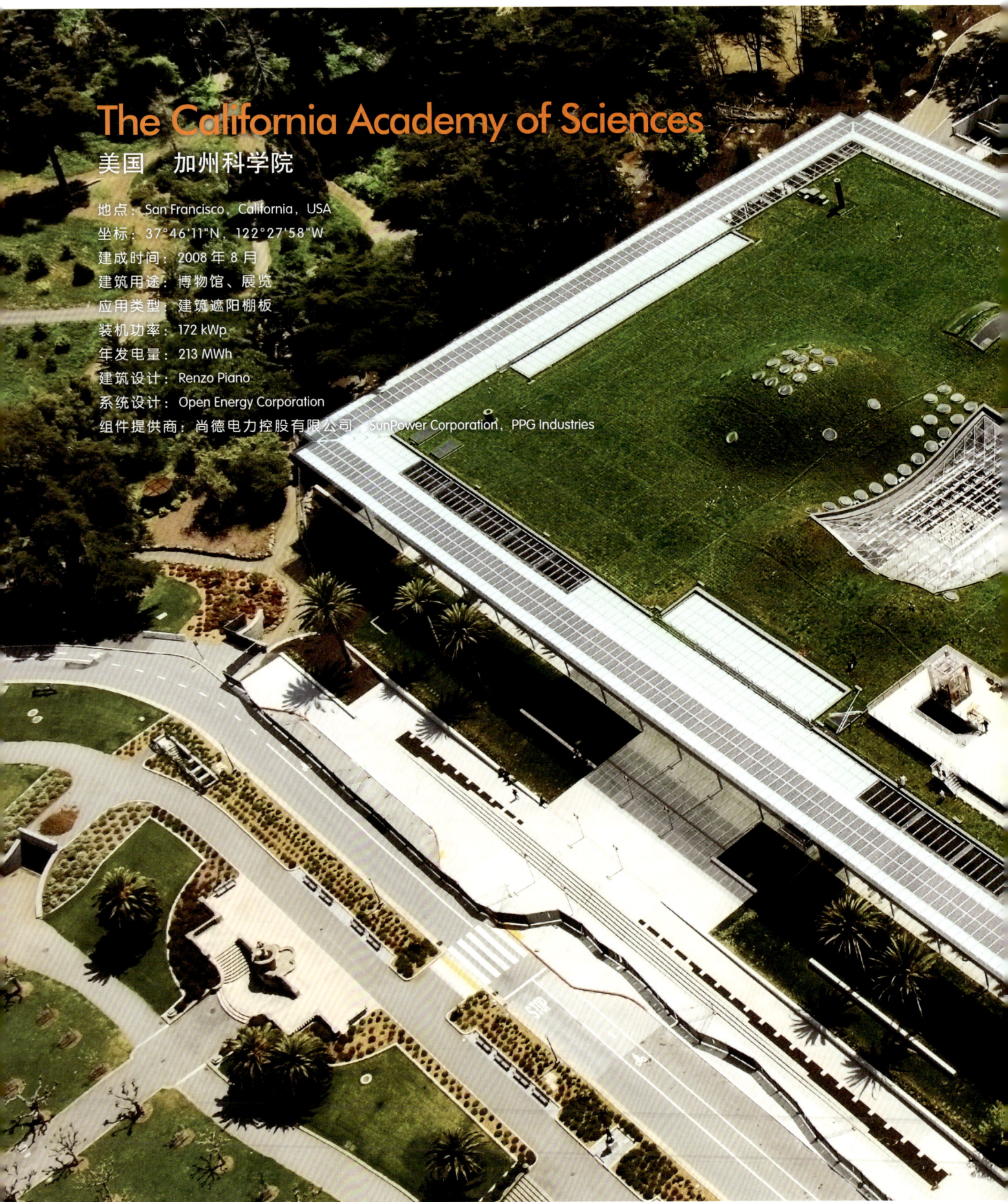

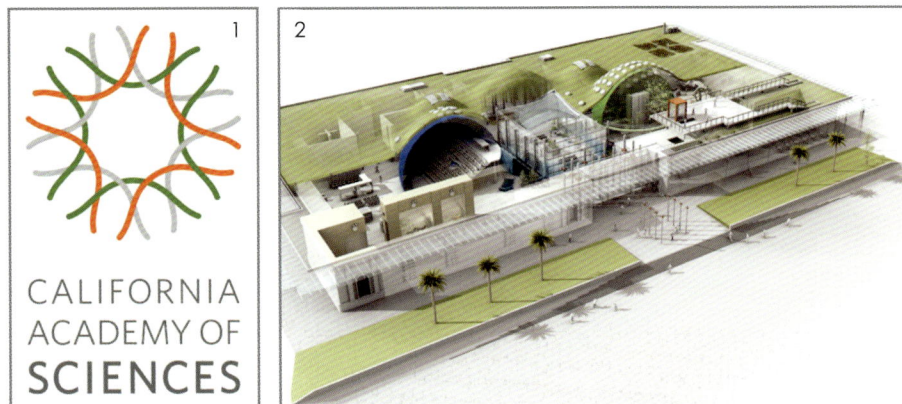

位于旧金山金门公园的加州科学院（The California Academy of Sciences）成立于 1853 年，是世界上十大自然历史博物馆之一，也是美国最老的自然历史博物馆之一；经过重建后，它也成为美国当下最新、最现代化的博物馆，也是目前世界上最大、最"绿"（Greenest）、最昂贵的博物馆。

1989 年，拥有 100 多年历史的加州科学院在一次大地震后被迫画上一个句点；此后，经历了近 10 年规划，3 年多重建，耗资 4.84 亿美元，于 2008 年 9 月 27 日重新向世人打开大门。重建后的科学院占地面积 41 万平方英尺，容纳了 Steinhart 水族馆、Morrison 天文馆、Kimball 自然历史博物馆以及研究、教育设施等。科学院的重建设计者是意大利最著名的设计大师伦佐·皮亚诺（Renzo Piano），他主导的设计团队把科学院原来的 12 栋建筑（建于 1916 年至 1991 年）整合成一座环保型综合性大楼，在原地打造出一个前所未有、史无前例的革命性建筑——The Living Museum（有生命的博物馆）。

1. 加州科学院的标志

2. 科学院透视效果图

3. 巨大的"绿色屋顶"好像把公园的一部分抬高了，然后在下面盖了一栋房子

4. 位于科学院入口处的中央休息大厅

　　因其在可持续发展、节水、能源高效利用、环保材料和优良的室内环境质量 5 个领域表现突出，而被美国 LEED（美国能源与环境设计标准）授予"白金"级证书，从而使其也成为世界上规模最大的绿色建筑之一。其屋顶周边面积约 197 000 平方英尺的光伏玻璃遮阳篷，每年为科学馆提供 5%~10% 的绿色电能，从而降低 40 万磅温室效应气体的排放，成为美国效率最好、体量最大的光电篷板系统之一。

科学院内部 90% 的区域都最大限度地借助自然光来照明，将电力的使用降到最低；另外 10% 的区域照明所需能源则来自"绿毯"四周的巨型光伏玻璃遮阳篷，这套光伏系统安装了 6 万块光电电池，能够产生科学院每年电能需求的 10% 以上，这些光电电池清晰可见，不但可以遮阳挡雨，也能给游客带来视觉上的新兴趣点。

此外，大楼在建造时尽量使用环保和可回收材料。原先 12 栋楼房被推倒后的建筑材料有 90% 得到了回收利用，其中包括 9 000 吨混凝土和 1.2 万吨钢筋。混凝土中还加入了 15% 的粉尘和 35% 的矿渣。回收来的废旧牛仔服被切成条状，用做隔音墙的内嵌材料。

1~3. 科学院绿色屋顶四周的巨型光伏玻璃遮阳篷

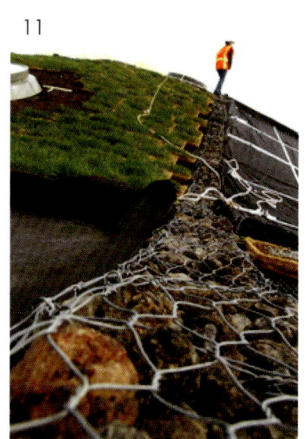

博物馆起伏的绿色屋顶面积达 2.5 英亩（相当于两个足球场的面积），房顶的七个拱堆起伏的姿态实际上是经过测算的，根据冷空气下沉热空气上升的原理，可形成大楼内空气的自然流通，并起到绝缘作用，减少了对空调的依赖。屋顶种植了 170 万株当地植物，它们每年可吸取 757 万升的雨水，省却人工灌溉之劳，多余的雨水还可用来冲洗厕所。伦佐·皮亚诺（Renzo Piano）在谈到这一创意时说，"绿色屋顶"相当于把一座公园的一部分抬高，然后在下面盖一栋楼。

1. 光伏玻璃遮阳蓬钢构节点
2. 拱堆顶部可开启的采光窗
3. 玻璃穹顶与植被屋面的交接、排水
4. 馆内钢制错层平台结构
5. 玻璃幕墙格栅柱

6. 玻璃幕墙结构柱
7. 玻璃幕墙上的开启扇
8. 玻璃穹顶构造节点
9. 雨林馆玻璃穹顶节点
10. 光伏玻璃遮阳蓬

11. 植被屋面分层构造
12. 植被屋面与周边的光伏玻璃遮阳蓬
13. 光伏玻璃遮阳蓬下的钢结构

放置在光伏玻璃遮阳篷下的现代派雕塑——《Mossing》（消失）

　　在光伏玻璃遮阳篷下有一件名为《消失》（Missing）的绝种生物纪念碑，这个雕塑的圆锥体外壳由青铜铸造，内部用回收来的红杉打造。这件作品出自于著名的美籍华裔建筑师——林璎（Maya Lin），她是中国著名的建筑大师梁思成和林徽因的侄女。在 2010 年她获得 2009 年度美国国家艺术奖章，美国总统奥巴马在白宫亲自为她颁奖，这是美国官方给予艺术家的最高荣誉，而林璎是此次获奖者中唯一的亚裔。这件颇具深意的现代风格雕塑，与科学馆整个建筑融合在一起极具震撼力。无论是伦佐·皮亚诺（Renzo Piano）还是林璎（Maya Lin），都在以不同的形式诠释着对环保的理解，身体力行向世人昭示着环保的意义，极尽所能寻找、创作出艺术与自然和谐共存的作品。光伏组件、光电遮阳篷等等作为一种高技术含量的商品、一种材料或是一种手段，但在建筑艺术大师的作品中，也可以变得如此完美、和谐。

Parque Del Fòrum Solar Pergolas

西班牙　论坛公园太阳能遮阳棚

地点：Barcelona，Spain

坐标：41°24'41"N，2°13'40"E

建成时间：2004 年

建筑用途：公共休闲

应用类型：建筑遮阳棚板

装机功率：1.293 MWp

年发电量：1 900 MWh

建筑设计：Martínez Lapeña，Elias Torres

项目参与：ENDESA，SERIDOM，PHÖNIX SONNENSTROM（德国）

组件提供商：Isofotón S.A.

系统安装商：INABENSA

论坛公园全景：近景是巴塞罗那会展中心（即论坛主题馆），它的身后便是巨型光伏遮阳棚和太阳纪念碑（巨型光伏凉亭）

巨型光伏凉亭不仅是公园内供人们休闲、游览的地标建筑，也是太阳纪念碑

2004年5月至9月，以"文化多样性，可持续发展与和谐生存环境"为主题的"The 2004 Universal Forum of Cultures"（2004年世界文化论坛）在西班牙的巴塞罗那市举行。这是一次全球性的文化盛会，为此巴塞罗那市政府分阶段在市郊海滨兴建一个全新的"论坛主题公园"。

这座主题公园原本只有巴塞罗那会展中心和论坛主题馆（Herzog & de Meuron设计），"2004世界文化论坛"在此举行完毕后，市政府随即展开了周边设施的完善工作，其中包括改善街道照明、修葺道路、新建海滨游泳池等，在短短两年内打造出一个结合前卫建筑与设施，兼具艺术文化与休闲娱乐的海滨公园。完全建成后的主题公园占地30公顷，由露天电影院、公园、会展馆及游泳池等设施所构成；一方面供举办各种大型文化交流活动使用，一方面供市民和游客休闲、娱乐。

　　在西班牙巴塞罗那论坛公园内两个巨大的光电遮阳棚，虽然是一座基础设施，但设计者并没有因此而忽略外观上的设计，相反的，他们将太阳能遮阳棚当作园区内非常重要的景观来处理，不仅功能上发挥最高效用，视觉上更是力与美的极佳组合。简单的长方形面板随着观看者的距离和角度的变化，而有线状、三角形、四边形、菱形等多种视觉形态，配上四根形状不规则的混凝土支柱，在阳光下呈现出独特的艺术品般的质感。此外，它还被当作凉棚使用，在举行大型活动期间，人们可以在凉亭下休息、活动，有时也被用作停车场。

1. 太阳纪念碑（巨型光伏凉亭）艺术照
2. 巨型光伏凉亭下是游艇俱乐部
3. 位于主题公园上的巨型光伏遮阳棚

主题公园内的光伏遮阳棚总面积达到 10 500 平方米，是西班牙最大的光电建筑，也是世界上最大的光电棚板系统之一。矗立在海岸边的巨型单体光伏凉亭总高 50 米，由四个不同高度、不同倾斜角度的钢筋混凝土柱支撑着面积达 3 410 平米的巨大光伏组件矩阵；它位于园区中央放射轴的一端，是一座象征太阳图腾标志的太阳纪念碑。

1. 太阳纪念碑背面
2. 太阳纪念碑底部细节
3. 光伏遮阳棚的底部结构
4. 从空中俯瞰光伏遮阳棚
5. 从遮阳棚内观看太阳纪念碑

Akademie Mont-Cenis

德国 蒙特赛尔学院

地点：Herne，Nordrhein-Westfalen，Germany

坐标：51°32'28"N，7°15'18"E

建成时间：1999 年 9 月

建筑用途：培训、会议、图书馆、体育馆以及旅馆、餐饮、休闲娱乐

应用类型：建筑外立面、屋面

装机功率：1 MWp

年发电量：750 MWh

建筑设计：F.H.Jourda & G.Perraudin（法国）

项目参与：HHS Planer + Architekten BDA（瑞士）

系统设计：Fraunhofer ISE（Institut for Solare Energiesysteme）

系统主要制造商：Scheuten，Solarex，ASE

　　蒙特赛尔学院（Akademie Mont-Cenis）位于德国历史悠久的工业和煤炭开采中心地区，作为该地区的生态和经济重建计划的一部分，新培训（教育）中心就建在一个废弃的煤矿上，凭借其在环境和技术上的突破性设计，作为新能源利用和生态建筑的象征，成为国际著名的地标。蒙特赛尔学院（Akademie Mont-Cenis）开创了"封闭式微环境气候"（Micro-climatic Envelope）的建筑设计理念：在这个面积超过 20 000 平方米的木结构玻璃"外壳"建筑内，包含有培训馆、会议馆、图书馆、体育馆以及旅馆、餐饮、咖啡厅、休闲娱乐等功能的小单体建筑。采用这种"屋中屋"的设计概念，从而在德国北部营造出一个温和的地中海微环境气候。

光伏系统基本参数：

项目名称	学　院	中心区	合　计
主要区域面积 Main useful area	5 095 m²	1 385 m²	6 480 m²
附属区域面积 Ancillary useful area	912 m²	132 m²	1 044 m²
功能区面积 Function area	582 m²	325 m²	907 m²
交通 Traffic	3 586 m²	867 m²	4 453 m²
楼面净面积 Net floor area	10 175 m²	2 709 m²	12 884 m²
施工面积 Construction area	1 889 m²	274 m²	2 163 m²
建筑楼面面积 Gross floor area	12 064 m²	2 983 m²	15 047 m²
总体积 Gross volume	37 075 m³	12 150 m³	49 225 m³
建筑面积 Built-up area			12 096 m²
玻璃外壳内开放区域 Open space in the glass cover			4 377 m²
未开发区域 Undeveloped area			15 527 m²
建筑工地面积 Area of building site			32 000 m²

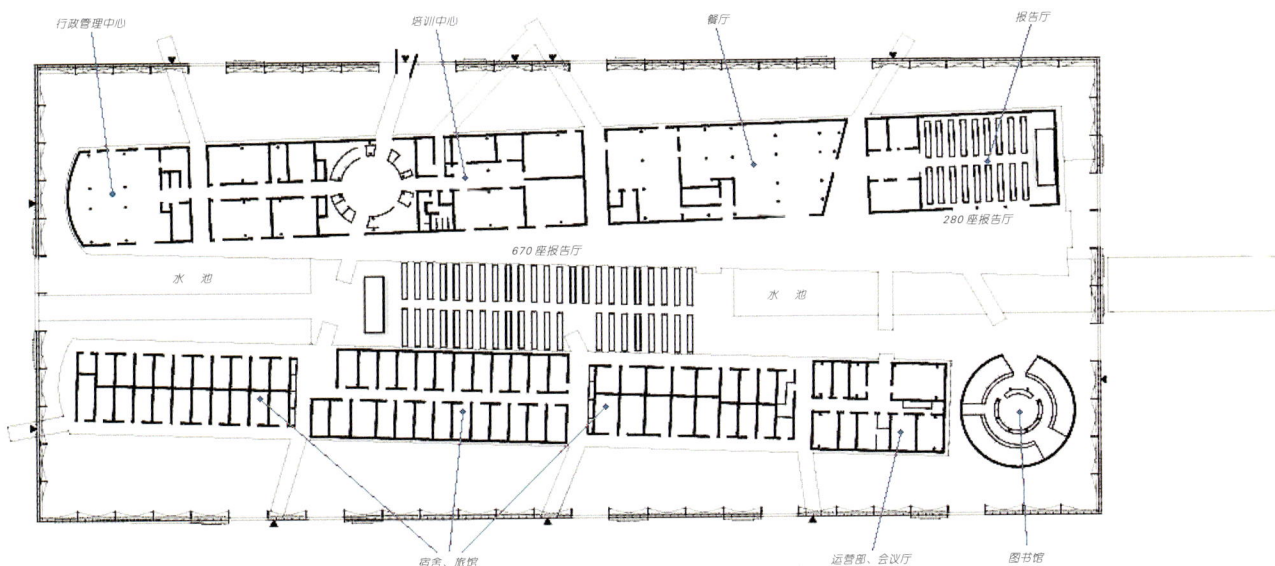

蒙特赛尔学院平面布置示意图

学院主入口前遮阳篷

通过设计建造一个庞大的"外壳"，而制造出这样一种"微环境气候"空间，对整个建筑的能耗设计是一个非常巨大的挑战。因此，在"外壳"的顶部及西侧外墙上采用了约 12 000 平方米的半透明光伏组件，一方面为建筑内提供源源不断的能源，另一方面半透明光伏玻璃组件按一定规律设计排布，还起到了遮阳及控制室温的作用。这套光伏系统所产生的电能是建筑内能耗的 2.5 倍，因此该光电建筑产生的大部分电能都出售到了公共电网上，再加上德国政府的扶持政策，大大提高了整个光电建筑的成本效益。

1. 按一定规则排布的光伏玻璃矩阵
2. 学院全景
3. 夜幕下的学院大楼外景
4. 光伏玻璃幕墙外景
5. 光伏玻璃幕墙上的通风开启扇
6. 学院北部一角
7. 学院内部结构
8. 既满足采光又起到遮阳作用的光伏玻璃屋顶

为了解决这个巨型建筑的能源供给、室内环境温度、采光、通风等一系列的问题，设计师首先在建筑结构上采用了木结构加玻璃的设计方案，使整个建筑从外观上看就像一个超级"玻璃罩"，这样一来就解决了"外壳"内的采光问题，同时也最大化地减少了"外壳"支撑结构的占用面积。

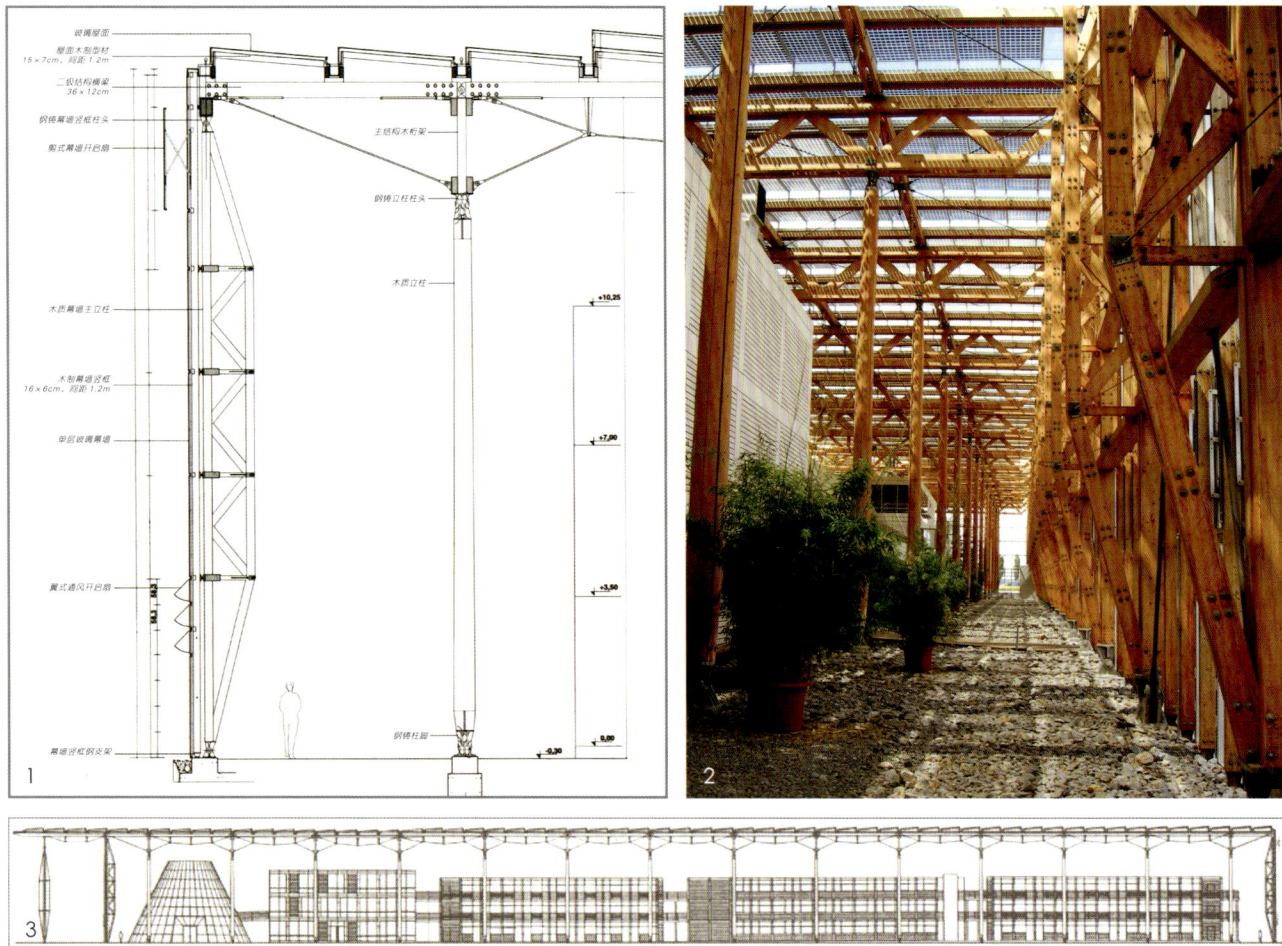

光伏系统基本参数：

项目名称	参数
屋顶总面积 Total roof area	12 600 m²
光伏面积 Photovoltaic (PV) area	8 400m²
屋面光伏组件规格 Standard PV roof panel	1.16 m × 2.78 m
幕墙光伏组件规格 Standard PV facade panel	1.16 m × 2.40 m
屋面组件数量 Number of roof panels	2 904
幕墙组件数量 Numbe of facade panels	280
组件功率 Electrical power of each panel	250Wp~416 Wp
屋面组件安装角度 Incline angle of roof pane	5°
幕墙组件安装角度 Incline angle of facade panel	90°

1. 玻璃外壳支撑结构剖面图
2. 局部 "外壳" 结构剖面图
3. 学院内部立面图
4. 室内通风换气管道
5. "外壳" 木结构搭建场景
6. 木质二级结构横梁细节
7. 钢铸屋顶结构连接件细节
8. 屋顶主立柱
9. 光伏玻璃幕墙的支撑结构细节

Qingdao Railway Station

中国　青岛火车站

地点：青岛市，山东省，中国
坐标：36°3'51"N，120°18'48"E
建成时间：2010 年 10 月
建筑用途：火车站
应用类型：建筑屋面

电池类型：薄膜
装机功率：130 kWp
年发电量：67 MWh
系统集成商：珠海兴业绿色建筑科技有限公司

　　青岛火车站改造工程是青岛市迎接奥运会标志性工程之一，建筑呈"U"形布局，形成开阔的欧式风格站房，雨棚采用拱形单层网壳屋面承重体系，上敷实芯阳光板，在广场南部架设空中观光连廊，上敷设光伏组件板，利用太阳能发电为客运站提供部分电力，并提升青岛火车站的形象，体现绿色奥运的精神，为节能减排起到表率作用。

青岛火车站光电屋面面积 2 200 平方米，发电功率 103 千瓦，目前记录的最大日发电量为 407 千瓦时。采用可视化监控界面，可直观了解电力生产及节能减排各项数据。根据监控系统有记录的统计数据，系统平均每天发电 183 千瓦时，年发电量可达 6.7 万度，节约燃油 1.7 万升或标煤 24 吨，减排 CO_2 计 67 吨，粉尘 18.2 吨，水 268 吨，社会经济效益可观。

由于青岛站建筑设计中要求光伏组件安装后具备雨棚基本的采光遮阳挡雨功能，因此光伏组件板组件采用夹胶玻璃类型，符合国家规范对建筑采光顶的要求，确保安全功能。采用非晶硅薄膜电池，外层为高透低铁超白玻璃，比普通玻璃可以透过更多的太阳光，产生更多的电量，在弱光的早晨、傍晚、雨天也能发电。光伏组件表面呈深褐色，内表面为银色，并镀有 Low-e 膜，具有良好的建筑热工性能，保温隔热效果与双层 Low-e 玻璃相当。内侧银色与室内装饰效果能很好的结合，并能衬托室内简洁典雅的风格。组件尺寸与建筑分格一致，透光线条统一，骨架和线槽安装隐蔽，没有凌乱无序感，达到装饰与结构完美结合。

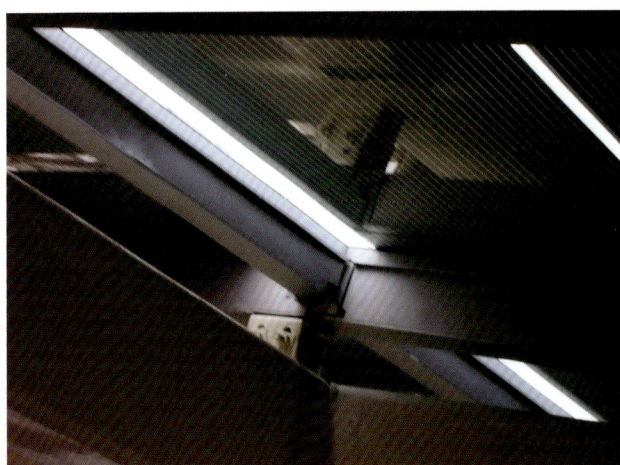

Solar-Fabrik Freiburg Bürogebäude

德国　弗赖堡太阳能厂办公楼

地点：Freiburg，Baden-Württemberg，Germany

坐标：47°59'22"N，7°47'22"E

建成时间：1999 年 3 月

建筑用途：办公、会议、培训、展示

应用类型：建筑外立面、屋面、遮阳棚板

年发电量：50 MWh

建筑设计：Rolf + Hotz

建筑承包商：Krebser & Freyler GmbH

SMA Solar Academy

德国　SMA 太阳能培训中心

地点：Niestetal，Germany

坐标：51°18'56"N，9°32'21"E

建筑用途：培训、会议

应用类型：建筑外立面、屋面

装机功率：151 kWp

年发电量：142 MWh

建筑设计：HSS Planer + Architekten AG

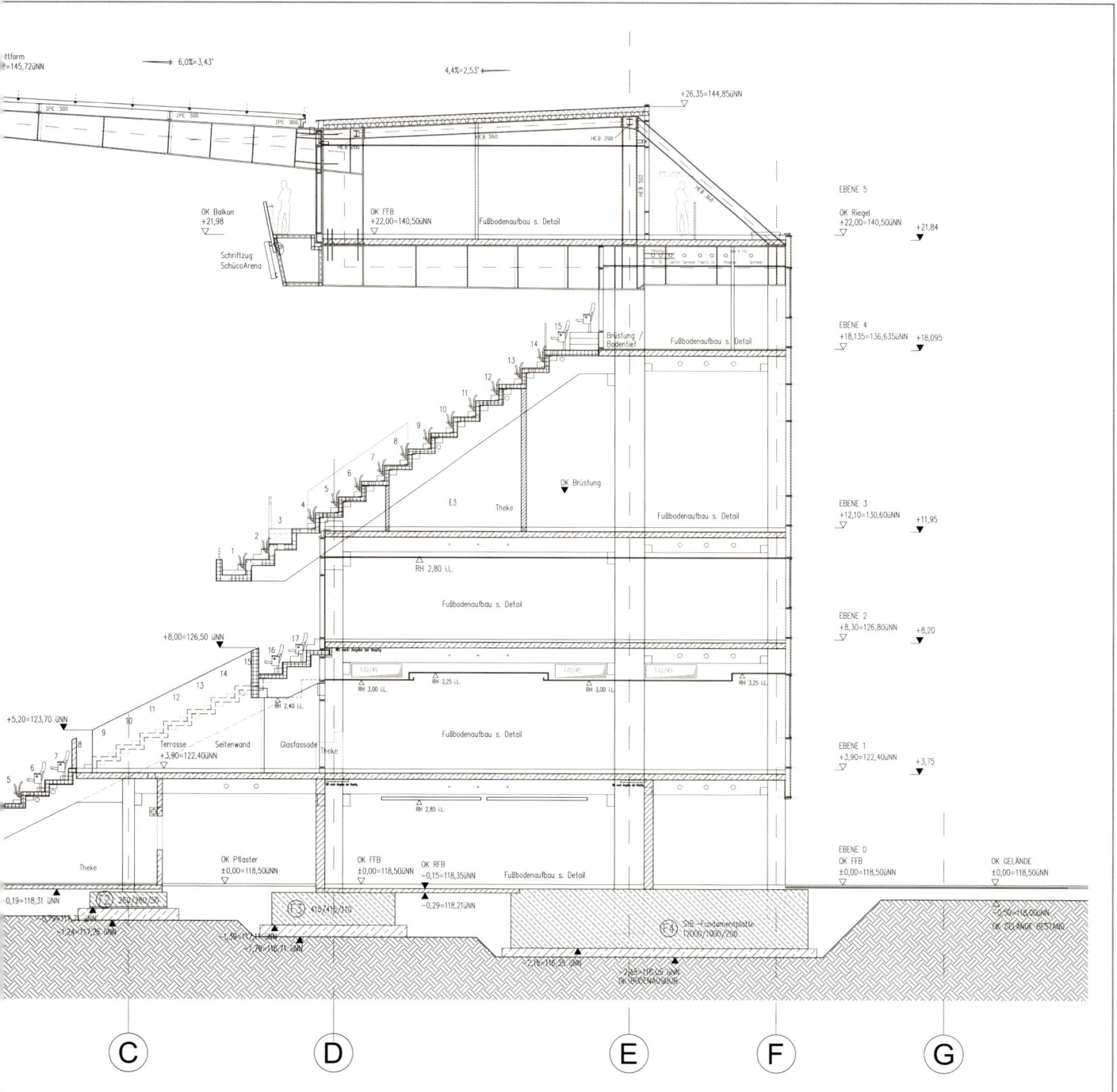

1~2. 主看台光伏玻璃遮阳棚

3. 主看台剖面图

SMA 太阳能培训中心结构及太阳能系统布局示意图

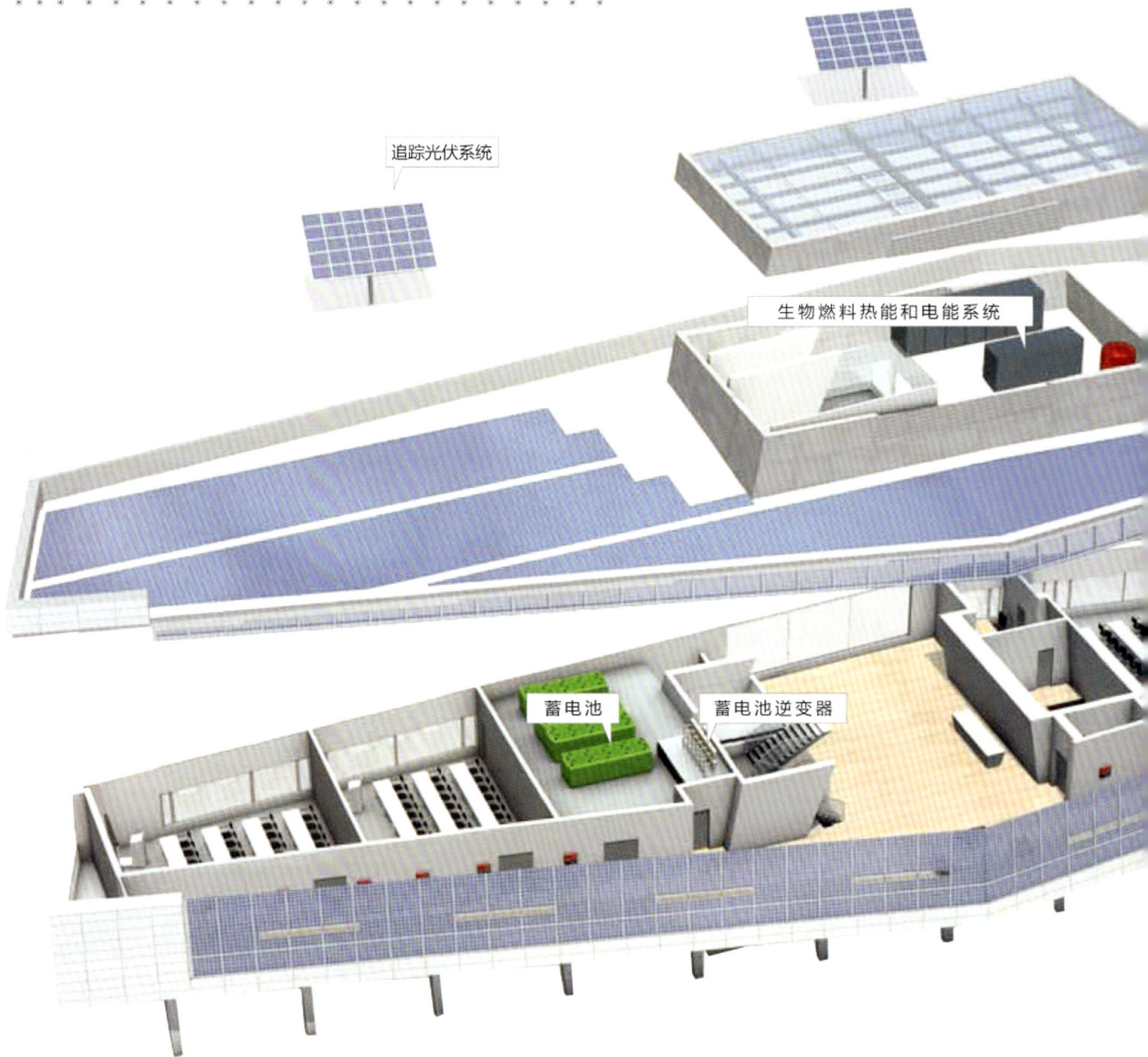

追踪光伏系统

生物燃料热能和电能系统

蓄电池

蓄电池逆变器

SMA 太阳能培训中心建筑外立面和屋顶采用的光伏组件每年可为大楼提供的电量达到 90.4MWh；此外为了弥补太阳能发电的不足，增强大楼供电系统的稳定性，在培训中心外围还设计安装了一套 60.75kWh 的阳光追踪光伏发电系统；在建筑内配备一套 140kWh 的生物热能和电能供应系统（生物热能机组 70kWh，生物发电系统 70kWh）。这一方案已经远超过大楼每年平均 130MWh 的耗电量，为此在大楼内还装备了一套容量达到 230kWh（约 4 800Ah）的高性能蓄电池系统，将多余的电能存储起来，可以满足大楼在断电后满负荷继续运行 5 个小时的要求。

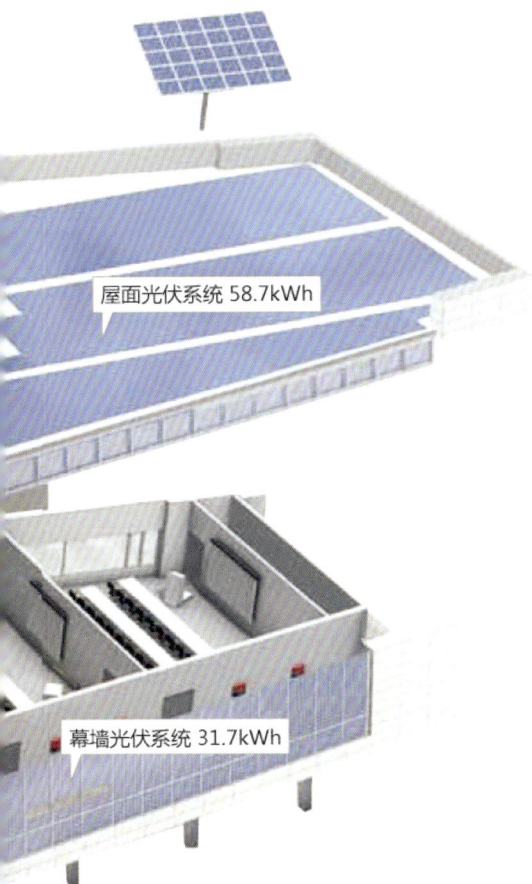

屋面光伏系统 58.7kWh

幕墙光伏系统 31.7kWh

1. 光伏玻璃幕墙后的通道
2. 培训中心接待厅

1~11. 培训中心外部照片
12~13. 培训中心接待厅
14. 安装在楼梯间墙面上的逆变器集群
15. 设备间里的蓄电池集群
16. 培训教室
17~22. 培训中心外部照片

SMA 培训中心占地面积 1 400 平方米，由于地处富达尔河的漫滩区内，因此整体建筑结构采用了独特别致的架空设计。此外，培训中心整体建筑围护结构是设计的最大亮点，在结合建筑设计审美需求的同时，整个大楼的电力系统设计是完全独立的，依靠建筑内的可再生能源系统供应，完全自给自足，这使其成为德国第一个大型完全离网的光电建筑。

Eden Project Education Centre
英国 伊甸园教育中心

地点：Cornwall，United Kingdom
坐标：50°21'45"N，4°44'43"W
建成时间：2005 年 7 月
建筑用途：教育、展览
应用类型：建筑屋面、遮阳棚板
装机功率：30.4 kWp
年发电量：35.5 MWh
建筑设计：Nicholas Grimshaw & Partners
组件提供商：Sharp，Kyocera，Romag

　　"伊甸园项目"（Eden Project）是位于英格兰西南端康沃尔郡（Cornwall）的一个生态群工程，它建在一个深 60 米，占地 34 英亩的废弃采石场上。该工程由几个巨大的测地线温室组成，是现今世上最大的室内植物园，也是世界上最大的温室，有 35 个足球场之大。

1~2.Eden Project（伊甸园项目）全景照片

　　"伊甸园项目"内现有两个世界最大的生物群系，并在巨大温室内创造了南美、西非、马来西亚、热带岛屿的潮湿热带气候，使其已成为英国主要的生态景观之一。温室内种植的植物均是从世界各地经过严格挑选的没有受到化学物质及杀虫药污染的品种。内部有来自热带雨林，温带地区的各种品种；而种植的土壤也是循环使用的。从2001年3月开馆以来，屡次被评选为英国民众最喜爱的工程，已有超过5百万的游客参观了这个逐渐被认为是"世界第八大奇观"的景点。这一工程的主旨是研究并促进对土地及自然资源的合理使用，并在加深对自然了解的基础上进一步培养保护自然的责任感。

　　这一人工项目能受到人们如此广泛的喜爱一定有些特别的原因，除了它巨大的容量和别具一格的玻璃穹窿造型，当然还有来自世界各地的奇花异草，以及它对绿色理念的推广与传播作用。

酷似"向日葵花"的教育中心屋顶

　　"伊甸园项目"（Eden Project）内的教育中心（Eden Project Education Centre）科技馆由世界著名建筑师尼古拉·格里姆肖与合作伙伴共同设计，历经两年时间，花费 1 500 万英镑，于 2005 年 7 月建设完工并开始对外开放。该建筑的外形设计灵感来自于植物，屋顶曲线及凸起的"花瓣"排布是按照"斐波那契数列"（Fibonacci）进行设计的。远看这座巨大的木结构建筑像一朵绽放的"向日葵花"，而在"花心"区域的 "花瓣"是由 338 块 Sharp 提供的 80W 光伏组件和 42 块 Kyocera 提供的 40W 光伏组件相结合组成，在最中心的屋檐遮阳板则是由 Romag 定制的 80W 的光伏透明玻璃组件构成。

1~5. 伊甸园教育中心内科技馆

6. 建筑中心的光伏玻璃遮阳板

7. 中心屋顶光伏组件和遮阳板的排布

8. 伊甸园教育中心屋顶

9. 伊甸园教育中心外的景观

Suntech ECO Building

中国　尚德生态大楼

地点：无锡市，江苏省，中国
坐标：31°30'33"N，120°24'16"E
建成时间：2009 年 1 月
建筑用途：办公、会议、培训、展示、餐饮、休闲娱乐
应用类型：建筑外立面、屋面
装机功率：1.01 MWp
年发电量：1 020 MWh

　　尚德生态大楼为地上 7 层建筑，总建筑面积约 1.6 万平方米。作为公司主要办公地点，尚德生态大楼完全按照各种办公需求进行设计。大楼西侧是可容纳 300 人的办公场所，东侧部分设有食堂和包括篮球场、攀岩墙、乒乓球台、休闲室等在内的娱乐中心。南立面的光伏幕墙是整个工程的亮点，幕墙总高度 37 米，面积 6 900 平方米，由 2 574 片光伏玻璃构成，成为迄今为止全球最大的单体光伏幕墙之一。

生态大楼南立面 710 千瓦光伏幕墙系统结合计划实施中的 300 千瓦屋顶光伏系统，共可满足大楼 80% 的用电负荷。生态大楼的光伏系统，除保证自身建筑用电外，还可以向电网供电，从而缓解高峰电力需求。此外，由于光伏阵列安装在屋顶和建筑外立面等外围结构上，吸收太阳能，转化为电能，大大降低了室外综合温度，减少了墙体得热和室内空调冷负荷，节省了能源，保证了室内的空气品质，避免了由于使用一般化石燃料发电所导致的空气污染和废渣污染。以系统最低使用寿命 25 年计算，期间共可产生电量 2 550 万千瓦时，25 年共可替代标准煤 9 200 吨，减排二氧化碳 10 800 吨。

在既有厂房前部延伸一块能同时传达公司理念和示范先进技术的建筑区块是尚德生态大楼诞生的初衷。大楼依附在既有厂房的南立面，东、西、南三面墙体和屋顶均采用透明围护结构，将室外的蓝天、白云、绿树环绕自然引入室内，室内又以花草、竹林、流水等人造景观呼应。这个独特的"绿色"夹层，在美观之余也是实现大楼内部环境气候平衡的重要手段。大楼内部构造突破传统方案，对建筑空间利用的大胆想象贯穿始终：大楼内五指伸展般的凹凸线条勾勒出办公区域的外观；办公区域内部采用暗含晶体硅色谱的色彩方案，并配合七个风格迥异的空中花园，使每层景象各具新意；活动中心内，各休闲娱乐设施则依内部单独阶梯型建筑体逐层展开；由于空间的通透和采光布局的合理，使楼内各个角落都能接收柔和的自然光线。

AEON Shopping Center

日本　AEON 购物中心

地点：伊丹市，兵库县，日本
坐标：34°47'3"N，135°22'57"E
建成时间：2011 年 4 月
建筑用途：商场、购物中心、停车场
应用类型：建筑外立面、屋面、遮阳棚板
装机功率：1.16 MWp
年发电量：996 MWh
组件提供商：Kyocera Corporation

　　新近落成的兵库县伊丹市 AEON 购物中心是日本最大的安装了太阳能发电系统的商业建筑，也是日本国内最大的"生态商场"，总楼面面积达 138 760 平方米。建筑外立面共计安装了 1 063 块光伏组件，屋面及屋顶的太阳能停车场遮阳棚板系统由 4 368 块光伏组件组成，整个建筑屋面装机量达到 960 千瓦。整套光伏系统将产生大约 99 万千瓦时的清洁能源，同时系统产生的电力将抵消碳排放量近 310 吨，比传统的商场减少了近 30% 的二氧化碳排放量。

1. 生态商场外部全景
2. 生态商场屋顶停车场光伏遮阳棚
3~5. 生态商场外部安装的光伏组件幕墙

奥地利 –The Power Tower（能源大厦）

该项目是奥地利最大的光伏幕墙项目之一。集成在建筑西南外立面上的光伏组件达 650 平方米，每年可为建筑提供约 42 000 千瓦时的清洁能源。

PV CURTAIN WALL

光电幕墙

赫尔穆特音乐厅 奥地利
Helmut List Halle

全球香料总部大楼 新加坡
Spice Global Headquarter

保罗霍恩体育馆 德国
Paul Horn Arena

哈尔斯贝里校区 瑞典
Allé skolan Hallsberg

让·刘易斯学校 法国
Groupe Scolaire Jean-Louis Marquèze

正泰太阳能大楼 中国
Chint Solar Building

迪兰霍伊达阳伽里 23 号 芬兰
Tilanhoitajankaari 23

豪腾市消防站 荷兰
Houten Fire Station

电谷广场商务会议中心 中国
Power Valley Plaza Business Conference Center

合作保险大厦 英国
Co-operative Insurance Tower

远见高级公寓 美国
The Visionaire

电谷锦江国际大酒店 中国
Power Valley Jinjiang International Hotel

Helmut List Halle

奥地利　赫尔穆特音乐厅

地点：Graz，Austria

坐标：47°4'49"N，15°24'40"E

建成时间：2002 年 11 月

建筑用途：会议、音乐演出场馆

应用类型：建筑外立面

装机功率：35.6 kWp

年发电量：2.6 MWh

建筑设计：DI Markus Pernthaler

组件提供商：KW Solartechnik GmbH

　　该建筑原本是座废弃的工厂，经过设计师的重新规划设计和十个月的改建施工，于 2002 年完成了由废弃工厂到现代化文化场馆的转变，从而避免了被拆除的命运。作为一个音乐文化场馆，赫尔穆特音乐厅（Helmut List Halle）不仅将老工业建筑艺术、现代先进技术和现代文化完美地结合在一起，也将绿色可再生能源的利用和光电建筑应用完美地融入了进来，从而使整个建筑在保留传统工业建筑风格的同时，也传递出设计师对现代文明与空间改造再利用的独特理解。该建筑的太阳能发电系统是由多晶硅半透明光伏模块组成，垂直安装在建筑的南部外立面上，其面积为 356 平方米，无论安装形式、功能需求、色彩构成，都与整个建筑风格融合得天衣无缝。

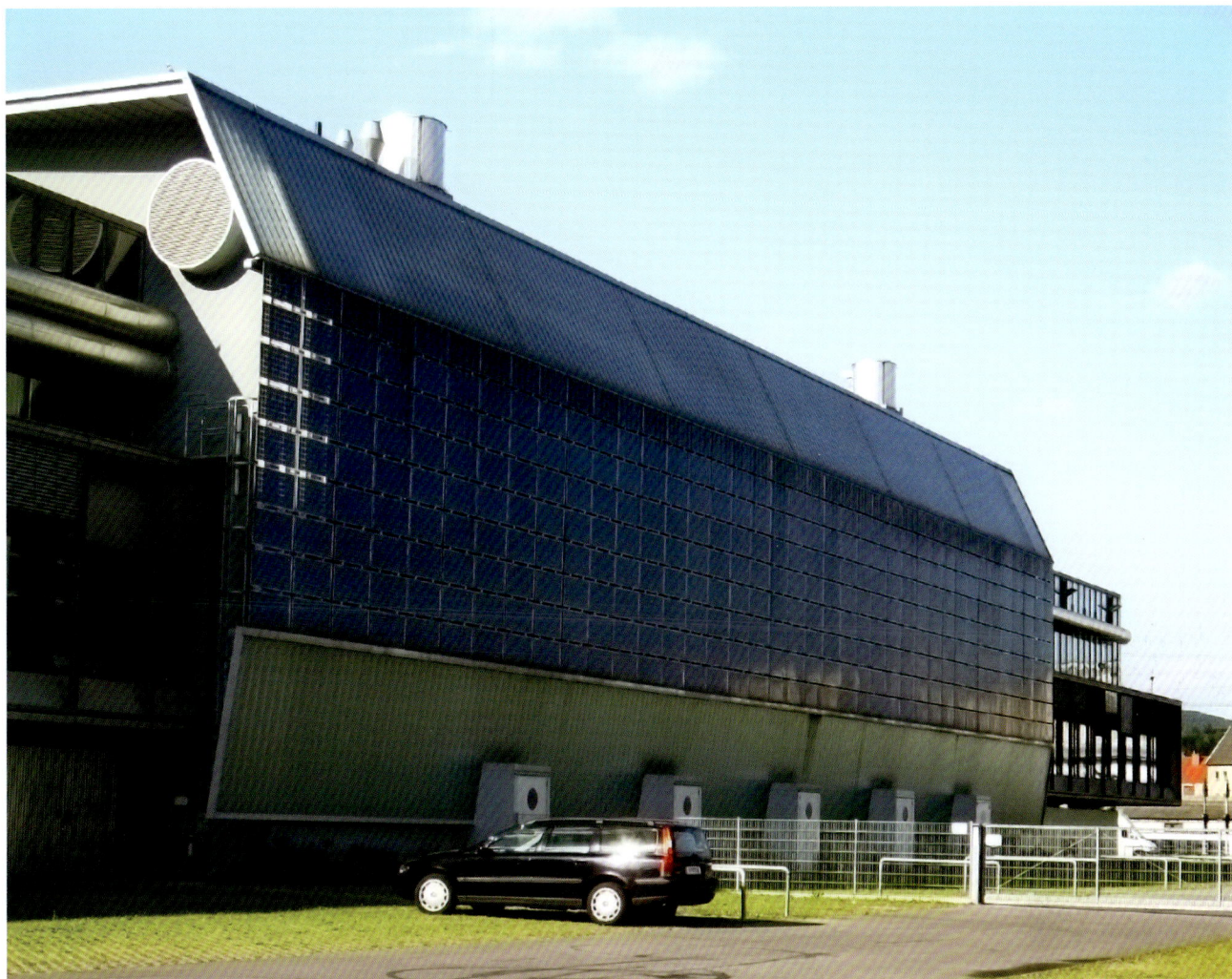

Spice Global Headquarter

新加坡　全球香料总部大楼

地点：Singapore
建成时间：2011 年 7 月
建筑用途：商务、办公
应用类型：建筑外立面
装机功率：42.32 kWp
系统集成商：香港兴业工程有限公司

　　全球香料总部大楼（Spice Global Headquarter）项目坐落于美丽的花园城市新加坡，是一座现代化高品质的办公大楼。总的建筑高度 27.10 米，面积约 3 400 平方米，幕墙结构主要是单元式 BIPV 以及遮阳百叶。单元式 BIPV 系统是由兴业太阳能独立开发和设计的光伏幕墙系统之一，是世界上第一个整合了单元式面板和太阳能组件的独特幕墙系统，独一无二的外墙发电系统。该项目总的装机容量为 42.32kW，发电主要供内部照明和部分办公使用，目前已经并网投入使用，产生了良好的经济效应和社会效益。

Paul Horn Arena

德国　保罗霍恩体育馆

地点：Tübingen，Baden–Württemberg，Germany
坐标：48°30'39"N，9°2'31"E
建成时间：2004 年 12 月
建筑用途：体育馆
应用类型：建筑外立面
装机功率：43.7 kWp
年发电量：30 MWh
建筑设计：Allmann Sattler Wappner Architekten GmbH
组件提供商：SunTechnics Solartechnik GmbH，GSS Gebäude–Solar–Systeme GmbH

　　保罗霍恩体育馆（Paul Horn Arena）是一个创新节能的大型室内体育场馆，总建筑楼面面积达 5 845 平方米，能容纳 6 000 多人同时观看比赛。该建筑西南面的外墙由 970 块光伏组件所覆盖，面积达 520 平方米，整个光伏组件外墙大约使用了约 2 万个多晶硅太阳能电池。

　　保罗霍恩体育馆（Paul Horn Arena）在多功能体育馆设计和创新节能设计上是一个很好的例子，其中太阳能光伏技术成功地整合在建筑围护结构中是该建筑设计的最大亮点，因此本项目获得了多个建筑设计大奖和光电建筑设计奖。

Alléskolan Hallsberg

瑞典   哈尔斯贝校区

地点：Hallsberg，Sweden

坐标：59°3'52"N，15°6'36"E

建成时间：2005 年 12 月

建筑用途：学校、教育

应用类型：建筑外立面

装机功率：39.4 kWp

年发电量：11 MWh

建筑设计：Staffan Nordlund，
White Architects

　　该项目位于哈尔斯贝市（Hallsberg）校园区内，是一座旧校舍的改造工程，由当地政府投资。在决定将这个学校进行整旧翻新之前，建筑设计师一直在寻求怎么样才能使得装修后的学校有一个全新外观，最后决定采用光伏组件来代替传统外墙玻璃的方案。在旧楼的东立面和南立面外墙上，集成安装了 289 块多晶硅光伏幕墙组件。

Groupe Scolaire Jean-Louis Marquèze

法国 让·刘易斯学校

地点：Limeil–Brévannes，France
坐标：48°45'17"N，2°28'56"E
建成时间：2007 年
建筑用途：学校、教育
应用类型：建筑外立面、屋面
装机功率：80 kWp
年发电量：65 MWh
建筑设计：Jean–Louis Marquèze
组件提供商：Schüco，Siemensr

在法国巴黎，由建筑师 Jean-Louis Marquèze 设计的第一所"Positive Energy"学校于 2007 年正式投入使用。该建筑坐北朝南，安装在其外立面上约 700 平方米的太阳能电池板是这个学校的主要特征。其装机功率为 80kWp，学校日常供暖、供电都是由这套太阳能系统提供，除了每年提供给该建筑 65MWh 的电力以外，该系统产生的多余电力还可以通过公共电网出售给法国电力公司。

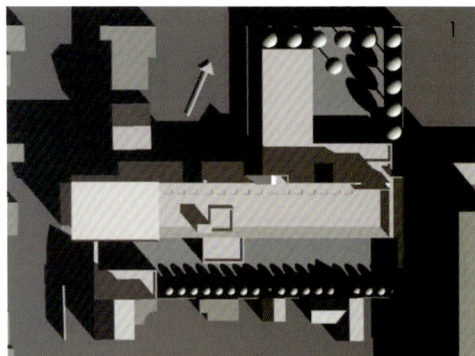

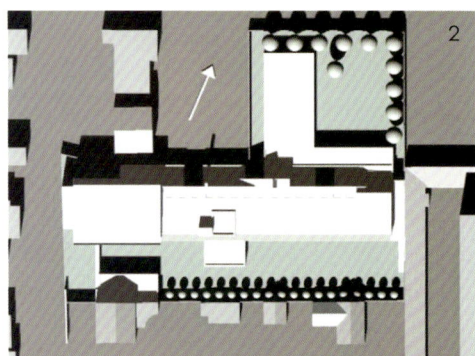

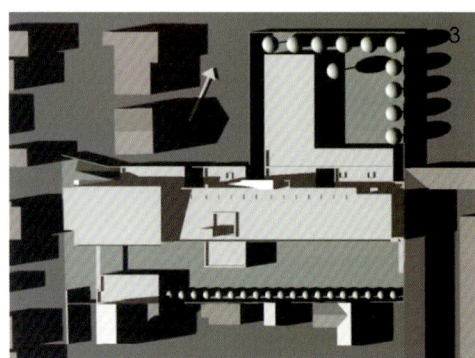

1~3. 建筑一天的日照模拟图，分别为：10h、13h、17h 的日照情况
4. 学校主楼外墙集成安装的太阳能组件
5. 学校主楼光伏组件幕墙设计图

5

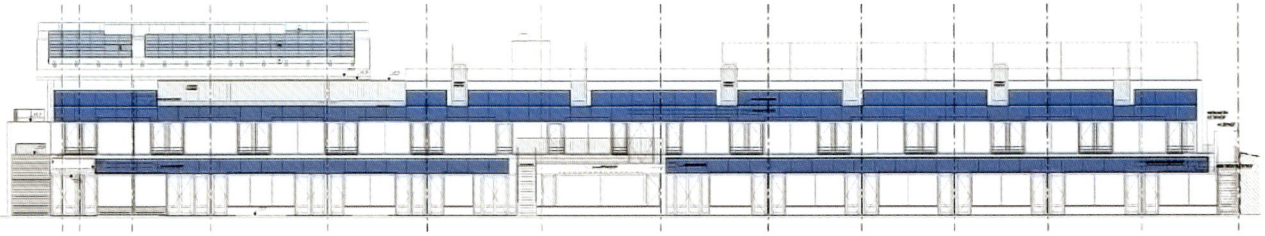

Chint Solar Building

中国　正泰太阳能大楼

地点：杭州市，浙江省，中国

坐标：30°10'54"N，120°10'8"E

建成时间：2010 年 7 月

建筑用途：办公、厂房

应用类型：建筑外立面、屋面

装机功率：510 kWp

年发电量：556 MWh

浙江正泰太阳能科技有限公司 C 厂房非晶－微晶双结薄膜电池太阳能光电幕墙系统安装面积约为 2 500 平米，是目前国内已建成的最大薄膜电池太阳能光电幕墙系统之一，同时在 2009 年申报成功了国家金太阳示范项目工程。C 厂房薄膜电池太阳能光电幕墙系统共计安装 1 654 块高效双结非晶－微晶薄膜电池组件，其中 1 089 块组件为墙面部分不透光组件，采用后板装框隐框幕墙施工工艺；565 块组件为开窗部分透光率 20% 的组件，采用中空合片后再后板装框隐框幕墙施工工艺，常规组件采用全钢化玻璃，非标组件采用普通浮法玻璃。"浙江正泰太阳能 510kW 光电建筑项目"由 C 厂房屋顶 200kW 晶硅、C 厂房 180kW 薄膜幕墙、A/B 厂房及停车棚 130kW 晶硅多个电池方阵组成，预计年发电量达 55.88 万 kWh，减排二氧化碳约 38.45 万吨、二氧化硫 3 113 吨、粉尘 1 557 吨。

Tilanhoitajankaari 23

芬 兰 迪兰霍伊达阳伽里 23 号

地点：Helsinki，Finland
坐标：60°13'33"N，25°1'25"E
建成时间：2001 年
建筑用途：公寓
应用类型：建筑外立面
装机功率：24 kWp
年发电量：11 MWh
建筑设计：Reijo Jallinoja

　　迪兰霍伊达阳伽里（Tilanhoitajankaari）属于芬兰赫尔辛基 Viikki 住宅社区里的一个项目，是芬兰第一座太阳能公寓。在位于建筑的西、南两侧阳台上一共安装了大约 2 800 平方米的太阳能电池板。这些太阳能电池板产生的电能能满足楼内公共区域的能耗需求，如楼内走道照明、电梯以及公共浴室的电力消耗，此外还可以将多余的电力通过赫尔辛基的公共电力网络分销出去。

Houten Fire Station

荷兰　豪腾市消防站

地点：Houten，Utrecht，Netherland

坐标：52°1'25" N，5°9'33"E

建成时间：2000 年 9 月

建筑用途：消防队驻所

应用类型：建筑外立面、屋面

装机功率：23.9 kWp

年发电量：30 MWh

建筑设计：Philippe Samyn

组件提供商：Shell Solar

　　荷兰豪滕市的这座消防站被誉为全球最具特色（最酷）的消防站之一。首先是它别具一格的外形设计，一道弧线贯穿始末，自然流畅，在阳光下宛如一道彩虹；其二就是它的可持续生态建筑设计。

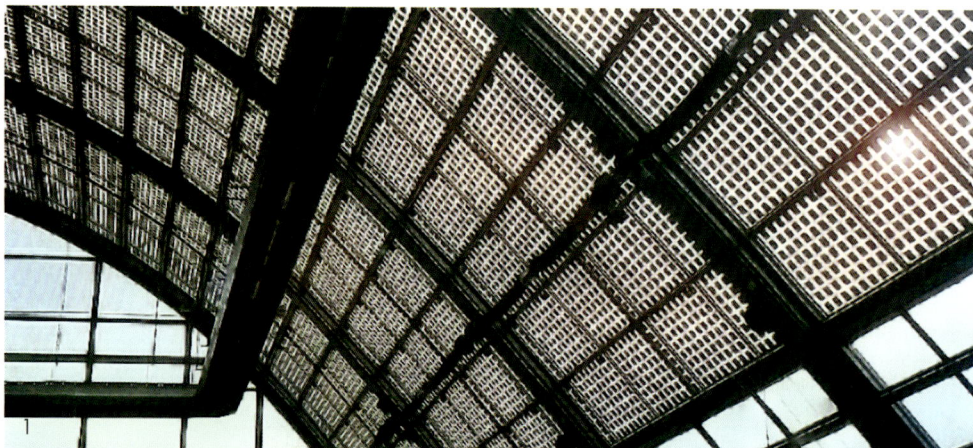

1~2. 消防站光伏玻璃穹顶内部构造

3. 消防站内五彩缤纷的墙面是由附近一所学校的学生所绘制

4. 消防站车库出入口构造

5. 消防站正面

Power Valley Plaza Business Conference Center

中国　电谷广场商务会议中心

地点：保定市，河北省，中国
坐标：38°54'24"N，115°27'57"E
建成时间：2009 年 8 月
建筑用途：商务、会议、展览、演出
应用类型：建筑外立面、屋面、遮阳棚板
装机功率：500 kWp
年发电量：420 MWh
组件提供商：英利绿色能源控股有限公司
系统安装商：深圳金粤幕墙装饰工程有限公司

　　电谷广场商务会议中心是一座集商务、会议、展览、演出于一体的大型商务会议展览中心，位于保定市高新区朝阳北大街，是电谷锦江国际酒店的附属工程。该建筑面积为 26 300 平方米，建筑高度为 25 米，分为地下 2 层、地面以上 4 层。主楼为钢筋混凝土框架结构，局部为钢结构。

　　保定市电谷广场商务会议中心建筑物的东、南、西三个立面的幕墙及屋面、雨篷等位置均安装了太阳能光伏组件。本项目采用了多种外装修形式作为光伏建筑应用的载体，主要有隐框光伏玻璃幕墙、点支撑光伏玻璃幕墙以及光伏玻璃采光顶、雨篷等。其中东立面拉杆支撑点式玻璃幕墙面板采用 8+1.52PVB+8+12A+10mm 全玻组件、拉杆支撑点式玻璃采光顶面板采用 8+1.52PVB+8+12A+8+1.52PVB+8mm 全玻组件，晶硅电池呈点阵分布，在引进光照的同时，点阵图案还形成美丽的装饰效果；南立面光电玻璃幕墙采用隐框玻璃幕墙结构、8+1.52PVB+8 钢化玻璃组件，起到遮阳和发电的双重作用；西立面采用密排光伏组件做成开缝式挂板，与石材幕墙共同组成装饰面，美观且发电效果好。

Co-operative Insurance Tower

英国　合作保险大厦

地点：Manchester，United Kingdom

坐标：53°29'12"N，2°14'17"W

建成时间：2006 年 1 月

建筑用途：商业、办公

应用类型：建筑外立面

装机功率：391 kWp

年发电量：180 MWh

建筑设计：Solarcentury

组件提供商：Sharp

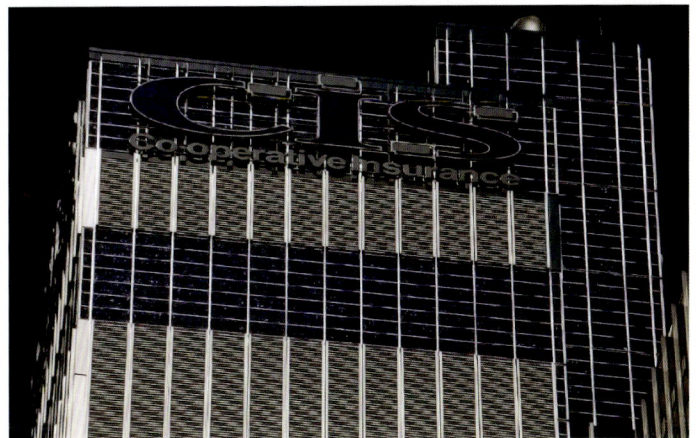

　　这座位于英国曼彻斯特的太阳能大楼充分利用了天然环保的太阳能作为自给能源，合作保险大厦集成了 7 244 块太阳能光伏组件，以替代传统的建筑外墙装饰材料（如砖、玻璃等）。建成后，光电幕墙高达 120m，成为当时欧洲最大的建筑外立面太阳能电池矩阵。

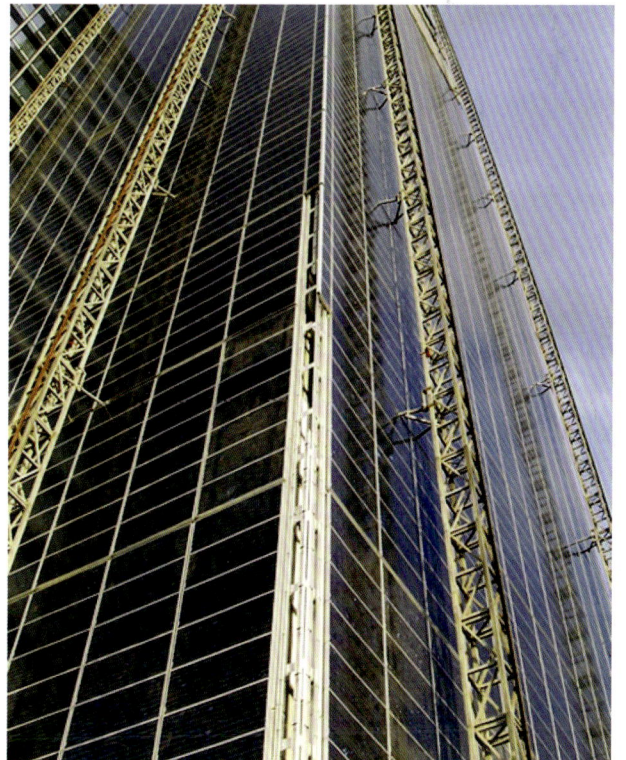

The Visionaire
美国   远见高级公寓

地点：Manhattan，New York，USA
坐标：40°42'26"N，74°1'1"W
建成时间：2009 年 2 月
建筑用途：公寓
应用类型：建筑外立面
装机功率：48 kWp
年发电量：50 MWh
建筑设计：Pelli Clarke Pelli Architects
组件提供商：Alt POWER

The Visionaire 绿色高层住宅是一个位于纽约曼哈顿地区的 35 层高档公寓住宅建筑，总建筑面积 43 849 平方米，于 2009 年获得 LEED 白金级认证，是全球第一座获得该认证的高层住宅公寓楼，成为该地区非常成功的生态试点项目。建筑外立面的玻璃幕墙为 Low-e 玻璃和陶瓦雨幕系统（Terracotta Rainscreen），既美观又保证了立面的隔热功能。集成安装于大楼顶部外立面的光伏电池矩阵，能满足 5% 的峰值电力需求。出于美观等因素考虑，业主选用了蓝色的光伏电池组件。

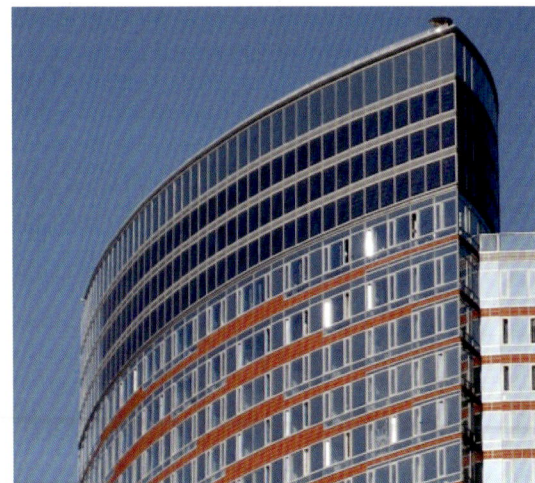

Power Valley Jinjiang International Hotel

中国 电谷锦江国际酒店

地点：保定市，河北省，中国
坐标：38°54'25"N，115°27'58"E
建成时间：2008 年 10 月
建筑用途：酒店、宾馆、商务、会议
应用类型：建筑外立面、屋面、遮阳棚板
装机功率：300 kWp
年发电量：240 MWh
组件提供商：英利绿色能源控股有限公司
系统安装商：深圳金粤幕墙装饰工程有限公司

电谷锦江国际酒店是一座五星级酒店。该建筑地面以上 24 层，总高度 92.2m，建筑面积 41 350 m²，主体结构为框架 – 核心筒。外装饰工程总面积约 24 500m²，其中光伏玻璃幕墙面积约 4 490m²。该建筑光伏并网系统的总容量为 0.3MWp，是电谷广场建筑群 1.5MW 太阳能光伏发电建筑应用示范工程项目的一部分。

项目的光伏组件分别以不同方位角、不同倾角和不同结构形式安装。其中位于塔楼南立面 5 至 24 层的双层光伏玻璃幕墙，是国内第一座采用双层外通风结构形式的光伏幕墙；塔楼西立面 5 至 18 层的隐框光伏玻璃组件方阵，悬挑于石材幕墙之外，主要用于遮阳和发电；裙楼三层中庭采光顶和东、南面入口雨篷，面板也是采用隐框构造的光伏玻璃组件。

该工程采用多晶硅电池，规格 156mm×156mm。在需要采光的位置，电池在玻璃组件中呈点状排列，透光面积占 50% 左右；不透光部位电池呈密排状。玻璃组件为光伏夹层玻璃（外片 6mm 超白钢化；内片 6mm 镀膜钢化）和光伏夹层中空玻璃。玻璃组件的规格随幕墙设计分格尺寸定。

光伏系统采用分布式并网发电，以层为单位选择逆变器，发电并网于每层照明箱。逆变器分别采用德国 Platinum 和西班牙 Ingeteam 两种品牌。

光伏发电系统装机容量 300kW；年发电量约 240MWh。经计算，该项目的全年常规能源替代量约为 86.7 吨标煤，年减排 CO_2 58 吨、SO_2 1.4 吨、NO_x 1.4 吨。

1. 酒店外景

2. 酒店南立面双层光伏玻璃幕墙

3. 酒店西立面光伏幕墙组件矩阵

4. 酒店客房中看到的光伏玻璃幕墙

5. 酒店大堂的光伏玻璃采光穹顶

美国 –The IERCA（内陆地区堆肥管理局）

　　该项目位于加州库卡蒙格牧场附近，是美国最大的室内生物固体堆肥处理场，兆瓦级的光电屋面系统为其提供 1 660MWh 的清洁能源。

PV ROOF

光电屋面

艾里提斯大楼　　　　法国
Elithis Tower

东根市政厅　　　　荷兰
Dongen City Hall

珠海东澳岛　　　　中国
Zhuhai Dong'ao Island

圣母玛利亚医院　　　比利时
Onze Lieve Vrouw Ziekenhuis

柏林中央火车站　　　德国
Berlin Central Station

迈丹大酒店　　　　阿联酋
Meydan Hotel

弗莱堡展览中心　　　德国
Messe Freiburg

科尼岛史迪威大道车站　美国
The Coney Island Stillwell Avenue Terminal

新南威尔士大学　　　澳大利亚
University of New South Wales

富纽斯公司新生产和物流中心　奥地利
Fronius New Production and Logistics Center

深圳国际园林花卉博览园　中国
Shenzhen International Garden and Flower Expo Park

慕尼黑宝马世界展厅　　德国
BMW Welt München

比奥罗历加公司总部大楼　德国
Bionorica Firmenzentrale

斯图加特展览中心　　　德国
Messe Stuttgart

东滩湿地公园客房中心　中国
Dongtan Wetland Park Room Center

158

Elithis Tower

法国　艾里提斯大楼

地点：Dijon，France
坐标：47°19'43"N，5°3'9"E
建成时间：2009 年 4 月
建筑用途：办公、商业
应用类型：建筑屋面
年发电量：82 MWh
建筑设计：Arte Charpentier Architects，Jean-Marie Charpentier

　　法国东部第戎市（Dijon，France）的艾里提斯大楼（Elithis Tower）于 2009 年 4 月竣工使用，它成为法国第一栋生产能源大于消耗量的环保型办公大楼，是一座真正意义上的"产能建筑"，而且造价和同样大小的一般大楼相差不远。

　　在法国第戎市和法国环境及能源管理署（ADEME）勃艮第分署的支持下，Elithis 工程邀请了著名建筑师 Jean-Marie Charpentier（法国巴黎 Arte Charpentier 建筑事务所）与其进行紧密合作，整个团队共同迎难而上，建造了这座集美学、城市一体化、舒适、能源和环保于一体的建筑物。

　　此案由 Arte Charpentier Architects 建筑师事务所负责，工程部分则由 ELITHIS Ingénierie 工程公司进行整合及优化。椭圆形的艾里提斯大楼（Elithis Tower）高 10 层，办公室面积 4 860 平方米，每平方米每年仅消耗 20 千瓦的取暖、降温及照明电力，远低于全法国平均值 400 千瓦。最初是 ELITHIS Ingénierie 负责人 Thierry Bievre 向他的团队提出的一个理论性挑战，Thierry Bièvre 专攻技术流体安装和环境效率，他试图在与传统建筑使用相同成本前提下，建造一座新型环保建筑。

艾里提斯大楼施工工期 3 年，造价约 700 万欧元，和类似规模的一般大楼造价差不多，Thierry Bièvre 表示，不同的是，他领导的设计及工程团队关注重点就在于节能。

楼顶加装总计 330 块太阳能板，面积约 560 平米，除提供大楼必要的电能外，每年还向公共电网输出多余电能，年收入约 4.5 万欧元。大楼南侧覆以能够控制阳光，却又不会挡住自然光的"光罩"。大楼有储水设施可收集雨水，在使用者离开洗手间时自动停止供水，头上的灯也用同样原理。整个楼内安装了约 1 600 个传感器，以便计算机实时自动调控楼内的空气循环系统，并对大楼的通风设备进行微调控制，这就意味 85% 的时间不需空调，也能保持 20 摄氏度的宜人温度。如果室外气温超过 4 摄氏度，大楼内部所需的热能完全来自阳光，如有必要开暖气，能源也是来自一套环保的生物质能系统。

Dongen City Hall

荷兰　东根市政厅

地点：Dongen，Brabant，Netherland
坐标：51°37'49"N，4°56'9"E
建成时间：2001 年 11 月
建筑用途：办公
应用类型：建筑屋面
装机功率：53 kWp
年发电量：54.4 MWh
建筑设计：DI Markus Pernthaler
组件提供商：Scheuten

东恩市（Dongen）新市政大厅于 2001 年 11 月完成翻新投入使用，新建的玻璃大厅将原建筑包裹在内，大厅的玻璃屋面发电系统面积为 545 平方米，采用了光电建筑一体化的设计。

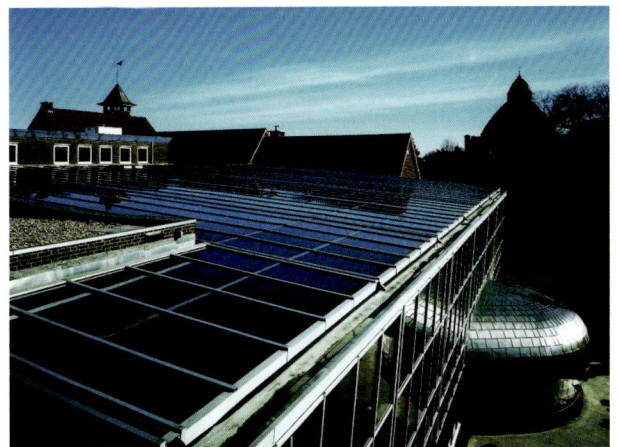

在巨大的木制结构屋顶上安装了 288 块半透明光伏组件模块，在满足建筑内的采光、遮阳同时，还直接为建筑提供清洁能源。整个系统通过 16 个逆变器连接到一起，统一由计算机监控，工作人员可以通过安装在正门中央椭圆形建筑内的显示屏来观察整个系统的运行情况。该项目充分表达出政府对可再生能源利用的观点，同时展示太阳能电池审美和技术的优越性。

Zhuhai Dong'ao Island
中国　珠海东澳岛

地点：珠海，中国

坐标：22°1'10"N，113°42'48"E

建成时间：2011 年 9 月

建筑用途：文化中心、码头综合楼

应用类型：建筑屋面、地面电站

电池类型：非晶硅、多晶硅

装机容量：1 MWp

年发电量：11 281.4MWh

系统集成商：珠海兴业绿色建筑科技有限公司

组件提供商：珠海兴业新能源科技有限公司

湖南兴业太阳能科技有限公司

东澳岛文化中心

1. 岛上的太阳能路灯

2~4. 岛上的多晶硅太阳能空地电站

5. 东澳岛码头综合楼

东澳岛位于万山群岛中部，是珠海 140 个岛屿中最具旅游开发价值的一个岛屿，常住人口 600 余人。东澳岛的电力供应历来是困扰海岛经济发展和生态保护的瓶颈。由于岛上正在兴（扩）建 5 个旅游度假酒店和会所，每年来海岛旅游的人数增长约为 30%，海岛对电力的需求与日俱增。而之前岛上的柴油发电装机容量为 1 220kW，2009 年柴油发电约为 100 万度电，柴油发电不仅成本高昂，发电效率低，同时还将排放二氧化碳约 1 000 吨，二氧化硫 30 吨，粉尘 270 吨。因此，珠海市和万山区政府一直强调，寻找一个基于可再生能源利用的海岛能源的供给方案是解决海岛深度开发、可持续发展、建设生态海岛的关键。

兴业太阳能根据海岛的自然条件和土地资源，建设 1 006.7kWp 的光伏（太阳能）发电系统，其中包括文化中心 256.7kWP，游客中心 100kWp 均为多晶硅组件，南村电站 650kWp，除多晶硅组件外，还有非晶硅 124.5kWp 分布在电站的周围，非晶硅组件不仅具有弱光发电的功能，另外也解决了光伏电站周围树荫的遮挡问题，使电站和周边环境完美地结合。考虑海岛晚上风力强劲，增加了 50kW 的风力发电和 2MWh 的蓄电池储能系统，组成了海岛全新的分布式供电系统，与海岛原有的柴油发电系统和电网输配系统集成为一个智能微电网系统。这一系统的最大特点是，最大程度地利用海岛上丰富的太阳光和风力资源，最小程度地利用传统的柴油发电，为海岛提供绿色电力供应。

该项目每年生产 1 128.14 万度电能，可节省标准煤 406.1 吨 / 年，可实现减排二氧化碳 1 124.7 吨 / 年，减排二氧化硫 13.2 吨 / 年，减排粉尘 306.9 吨 / 年，该光伏发电项目取得了较好的经济、社会和环境效益。

Onze Lieve Vrouw Ziekenhuis

比利时　圣母玛利亚医院

地点：Aalst，Belgium
坐标：50°56'34"N，4°3'17"E
建成时间：2007 年 11 月
建筑用途：医院
应用类型：建筑屋面
装机功率：46 kWp
年发电量：31 MWh
组件提供商：Scheuten

比利时阿尔斯特市的圣母医院（Onze Lieve Vrouw Ziekenhuis）位于布鲁塞尔以西 40 公里，是当地有名的医院和医疗研究机构之一，其在心脏及心血管手术、泌尿及神经病学等领域的创新研究在国际上具有非常重要的声望。光伏发电系统是这个建筑的重要组成部分之一，整个光伏系统安装在入口大厅处的一个呈 45°倾斜的外形像眼睛的玻璃建筑上，在充分利用太阳能的同时也给人留下非常深刻的印象。整个大厅的弧形斜屋顶，一共由 236 块太阳能电池玻璃组成，整个系统由下至上逐步缩小，总面积为 500 平方米，太阳能电池安装在透明的双层玻璃之间，为了满足一定的透光性，电池在玻璃中只占了 40% 的空间，同时也便于人们观看室内室外的景象。

Berlin Central Station

德国　柏林中央火车站

地点：Berlin，Germany
坐标：52°31'31"N，13°22'9"E
建成时间：2006 年 5 月
建筑用途：公共设施
应用类型：建筑屋面
装机功率：189 kWp
年发电量：160 MWh
建筑设计：Meinhard von Gerkan，Jügen Hillmer
组件提供商：Scheuten Solar，Technology GmbH

　　2006 年 5 月 28 日，德国战后最大的建筑工程：耗资 7 亿欧元、历时 10 年时间精心打造的柏林中央火车站在位于柏林市中心的施普雷河河畔正式建成并投入运营。火车站位于柏林市中心的施普雷河河畔，毗邻总理府和新建的议会大厦，离著名的观光景区勃兰登堡门、帝国议会大厦和菩提树大街仅有十几分钟的步行路程。这里也是过去"柏林墙"的所在地，横跨东西柏林。

　　从空中俯瞰，新建的中央火车站呈现出中文草字头结构。草字头的一横，是东西走向的铁轨。轨道两旁 450 米长的站台上是带有太阳能发电装置的拱形玻璃屋顶。草字头的两竖，则是南北方向长达 160 米的五层玻璃钢建筑。中间的三层是"购物世界"，有 80 家商店，购物面积达 15 000 平方米，全天 24 小时营业。车站里面可以说是应有尽有，包括了人们生活的方方面面。从吃穿用到图书和报刊，从名牌产品到普通的文具用品商店，从邮局到旅游服务中心等等，一应俱全。

2

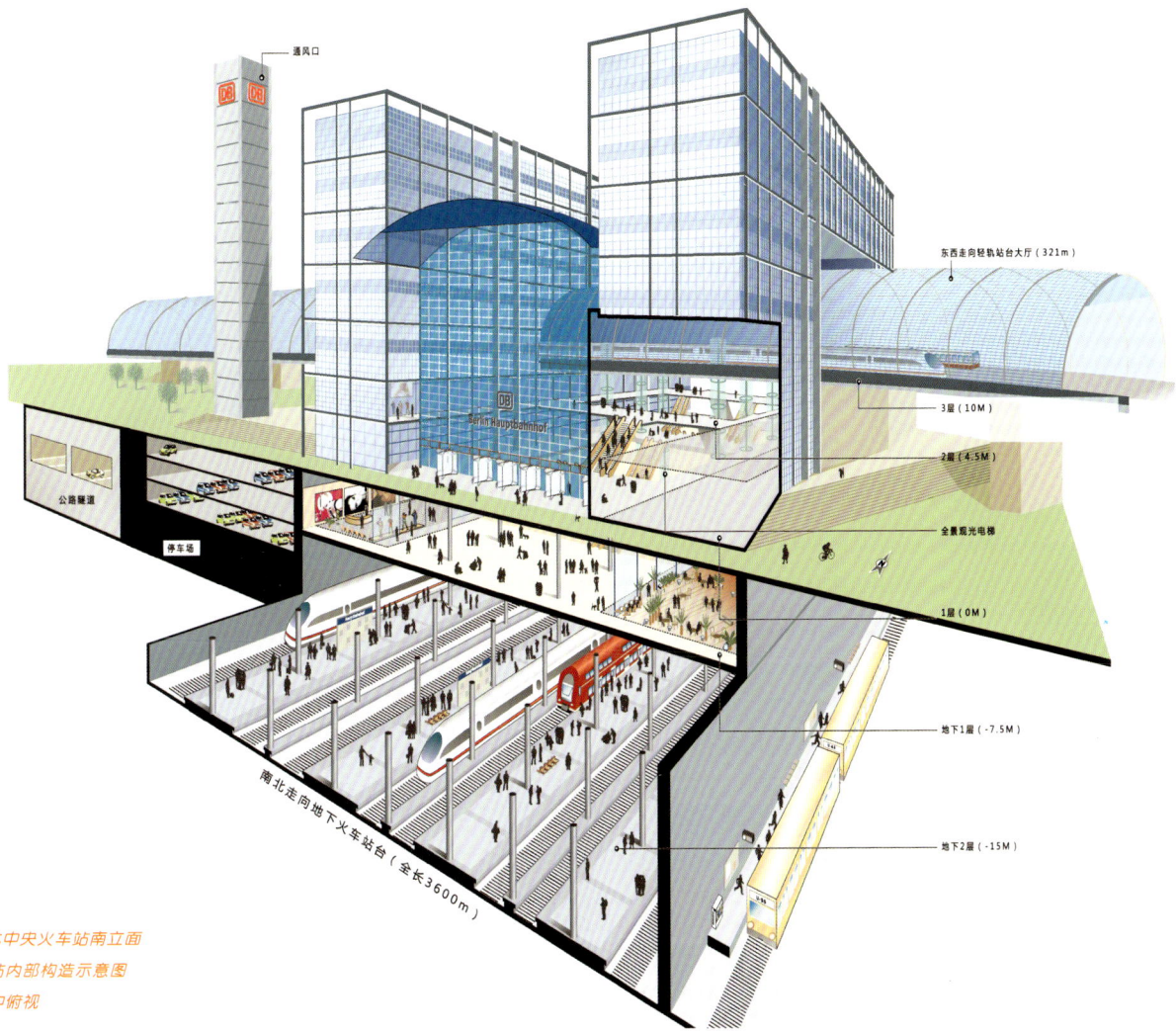

通风口

东西走向轻轨站台大厅（321m）

3层（10M）

2层（4.5M）

公路隧道

停车场

全景观光电梯

1层（0M）

Berlin Hauptbahnhof

DB

地下1层（-7.5M）

南北走向地下火车站台（全长3600m）

地下2层（-15M）

1. 柏林中央火车站南立面
2. 车站内部构造示意图
3. 空中俯视

3

中央车站采用了大量的新技术，光电屋面是所有技术中的一个亮点。在 450 米长东西走向的站台拱形玻璃屋顶上集成安装了大约 1 870 平方米的太阳能发电光伏组件。这些光电板集成在屋面玻璃系统中，并在西屋顶的 172 米和东屋顶的 107 米之间沿地平线的 7°～ 19°玻璃屋面上安装。光电池所采用的高效能晶硅板确保了 16% 的太阳能利用率。整个中央车站的光伏屋面系统使用了 780 片光伏玻璃组件，每块光伏玻璃组件上集成了 100 块 125mm×125mm 的单晶硅电池片，同时使用了 117 台太阳能逆变器进行控制。

1. 轻轨站台光伏采光顶
2. 东西走向轻轨站台外部
3. 车站内部
4~5. 轻轨站台全景
6. 站台光伏采光顶内部结构
7. 站台光伏采光顶外部
8. 采光顶光伏玻璃组件连接导线槽
9. 安装光伏玻璃组件
10. 光伏采光顶支撑结构

Meydan Hotel

阿联酋　迈丹大酒店

地点：Meydan，Dubai，UAE
坐标：25°9'27"N，55°18'7"E
建成时间：2010 年 3 月
建筑用途：酒店
应用类型：建筑屋面
装机功率：750 kWp
组件提供商：尚德电力控股有限公司

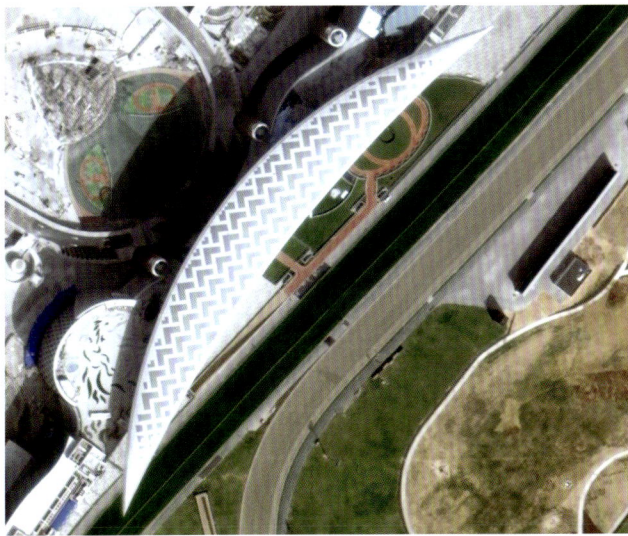

2010年3月27日，迪拜迈丹赛马场（Meydan Racecourse）正式投入运营。这一新的地标总共耗资30亿美元，历经3年施工完成。这一具有里程碑意义的体育场，除了拥有一个可容纳6万人的看台，一条1.75公里长的跑马道外；还拥有世界上第一个豪华的5星级赛道酒店（Meydan Hotel），和一座公园（Meydan Godolphin Parks），以及其它世界一流的配套设施和功能区。

总高71.5m的迈丹大酒店（Meydan Hotel）作为赛马场建筑群中的主体地标型建筑，其最具标志性的顶部新月造型就高达19.8m，总长420m、最宽处51.55m，展开面积约15 000平米。在这样一个造型独特的曲面屋顶上，集成安装了一套屋面光伏发电系统。这套屋面光伏系统共计使用了4 688块光伏组件，每块组件尺寸为1 117mm×1 117mm，合计安装面积达6 417平米。通过设计独特的安装结构，光伏组件以16片一组拼成菱形，与间隔铝板规则排布，起到了非常好的装饰效果，建筑设计理念也得到完美地体现。

Messe Freiburg

德国　弗莱堡展览中心

地点：Freiburg，Baden-Württemberg，Germany
坐标：48°0'57"N，7°50'26"E
建成时间：2000 年 10 月
建筑用途：商业建筑
应用类型：建筑屋面
装机功率：441 kWp
建筑设计：Detlef Sacker
组件提供商：Solarstrom AG

　　弗莱堡展览中心（Messe Friburgo）是德国巴登符腾堡州最大的展览中心，这里每年举办超过 35 次的各种展览及活动，接待的参观人数超过 50 万人。在弗莱堡展览中心（Messe Friburgo）的建筑屋顶上，安装了由 Solarstrom AG 提供的太阳能光伏组件，可以满足 120 户的电力需求。

The Coney Island Stillwell Avenue Terminal

美国　科尼岛史迪威大道车站

地点：New York，USA
坐标：40°34'39"N，73°58'52"W
建成时间：2005 年 5 月
建筑用途：车站
应用类型：建筑屋面
装机功率：160 kWp
年发电量：200 MWp
建筑设计：Kiss + Cathcart Architects
组件提供商：SCHOTT Solar

　　位于布鲁克林区的科尼岛史迪威大道枢纽（The Coney Island Stillwell Avenue Terminal）是纽约市地铁系统中最大的地面站，同时它也是当时世界上最大的运用太阳能薄膜电池板的光电建筑之一。在火车棚的设计上，采用了半透明玻璃光伏组件和钢结构相结合的方式，这样既达到纽约市地铁运营局对于耐久性的要求，同时也方便日后的维护。总面积为 76 000 平方英尺的太阳能光伏棚顶，每年可为车站提供约 20 万千瓦时的电力。

University of New South Wales

澳大利亚　新南威尔士大学

地点：New South Wales，Sydney，Australia
坐标：33°55'2"S，151°13'51"E
建成时间：2005 年 5 月
建筑用途：教育设施
应用类型：建筑屋面
装机功率：42 kWp
建筑设计：University of New South Wales
组件提供商：University of New South Wales

　　2005 年 5 月，新南威尔士大学在其教学楼上安装的一个峰值功率为 42 千瓦的太阳能光伏发电系统正式投入使用。为了避免被学校钟楼挡住阳光而降低系统的发电输出，光伏电池安装在学校钟楼两边的屋顶上。系统与地面成 25 度的仰角，虽然因为地理位置的经纬度使得发电性能有所损失，但是从建筑美学上来看，这样的损失也能被接受。整套系统所产生的电量能用于学校 300 多台计算机的电力供应，并且减少了每年大约 80 000 公斤的二氧化碳排放。

Fronius New Production and Logistics Center

奥地利　富纽斯公司新生产和物流中心

地点：Sattledt，Austria

坐标：48°5'16"N，14°3'2"E

建成时间：2007 年 4 月

建筑用途：厂房

应用类型：建筑屋面

装机功率：608 kWp

建筑设计：Füreder

组件提供商：Meidl Sharp，Sanyo，Ertex

　　2007 年 04 月，富纽斯（Fronius）公司在奥地利最大的一个光伏组件生产工厂和物流中心于 Sattledt 正式建成投入使用。整个工厂安装了约 3 600 平方米的太阳能电池光伏组件，总容量为 603kWp。在高峰用电时段，整套发电系统通过自产的光伏逆变器提供工厂大约 75% 的电力需求。

Shenzhen International Garden and Flower Expo Park

中国　深圳国际园林花卉博览园

地点：深圳，广东省，中国

坐标：22°32'1"N，114°0'10"E

建成时间：2004 年 8 月

建筑用途：公共设施

应用类型：建筑屋面

装机功率：1 MWp

年发电量：1000 MWp

系统设计：科诺伟业公司

组件提供商：BP 太阳能公司，日本京瓷公司

　　由深圳市政府投资、中科院北京科诺伟业公司承建的 1 兆瓦太阳能光伏电站于 2004 年 8 月在深圳国际园林花卉博览园内建成发电。电站安装于园内综合展馆、花卉展馆、管理中心、南区游客服务中心和北区东山坡，采用与市电直接并网的运行方式，是当时亚洲最大的并网太阳能光伏电站。

1. 花博园管理中心大楼
2. 花会馆
3. 花博园北区东山坡
4. 服务中心

该电站总容量 1 000.322kWp，年发电能力约为 100 万 kWh。太阳能电池板在安装时基于美学的考虑，除了北区东山坡光伏组件的安装倾角与坡面基本一致（为 23°外），其余四个建筑物屋顶的光伏组件的安装均与屋顶结构密切配合，保持屋顶的风格和美观，布局采用对称方案。深圳国际园林花卉博览园 1MWp 并网光伏电站建成后，成为目前中国和亚洲总容量第一的并网光伏电站，同时也是世界上为数不多的兆瓦级大型太阳能光伏电站之一。此前，国内建成发电的并网光伏电站容量均未超过 100kWp。1MWp 并网光伏电站是我国并网光伏发电领域的成果典范，将填补我国在大型并网光伏电站设计和建设上的空白，并将成为中国并网太阳能发电的里程碑。

BMW Welt München

德国　慕尼黑宝马世界展厅

地点：München，Bayern，Germany
坐标：48°7'60"N，11°33'54"E
建成时间：2007 年 10 月
建筑用途：展示、商用建筑
应用类型：建筑屋面
装机功率：824 kWp
建筑设计：Wolf D. Prix，Coop Himmelb(l)au
组件提供商：Solarwatt

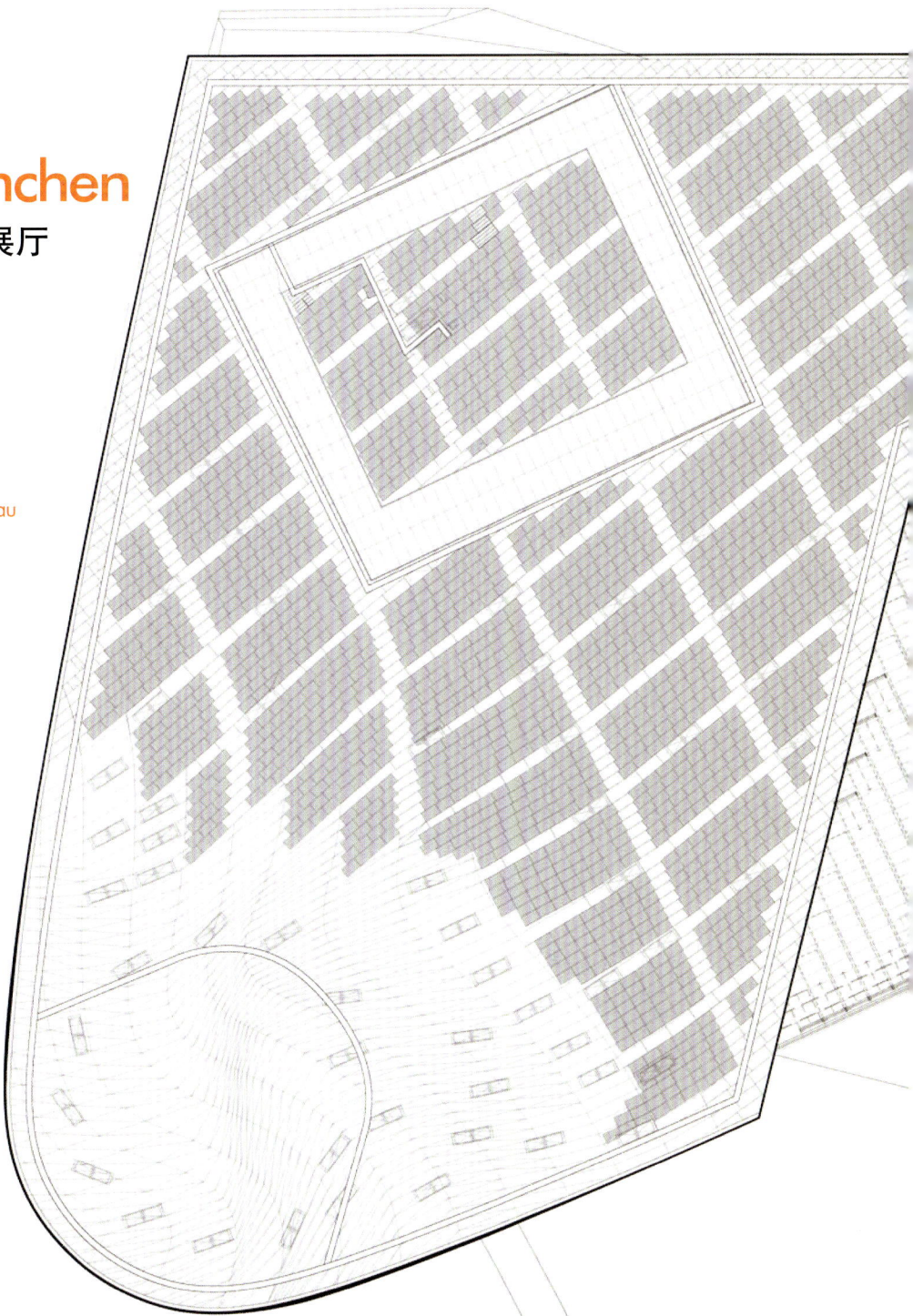

位于德国慕尼黑的"宝马世界"展厅（BMW Welt）占地 785 000 平方英尺，由世界顶级建筑师 Wolf D. Prix 教授设计，于 2007 年 10 月落成。这是一座集新车交付中心、技术与设计工作室、画廊、青少年课堂、休闲酒吧等为一体的综合性多功能建筑。它新颖独特的双圆锥形设计风格，与周围的宝马总部四缸大厦、宝马博物馆以及奥林匹克公园相映成趣，成为巴伐利亚洲首府慕尼黑的一个时尚新地标。

建筑设计的最大特点在于其超现代的扭曲钢结构展示中心，诠释了 BMW 品牌的飞机螺旋桨形象，双圆锥和 11 根主结构柱承托了 3 000 吨重的屋顶。另外它也是世界著名的环保建筑物之一，在建筑物的顶部，有一个由 Solarwatt 制造的巨大太阳能发电阵列，其额定功率为 824kWp，用于整栋建筑的日常供电。

Bionorica Firmenzentrale

德国   比奥罗历加公司总部大楼

地点：Bayern，Germany

坐标：49°15'41"N，11°28'10"E

建成时间：2007 年 7 月

建筑用途：写字楼、办公建筑

应用类型：建筑屋面、外立面

装机功率：45 kWp

年发电量：39 MWh

建筑设计：Architekten Brummer und Retzer GmbH,
         Amberg/D，Schüco International KG,
         Herr Dipl.−Ing. Wolfgang Brummer

组件提供商：Schüco International KG

2007 年 7 月，比奥罗历加股份有限公司新的行政大楼正式启用。大楼将生态效率、环境保护和员工健康安全完美地结合在一起，这在德国是独一无二的。 在设计之初，为了达到能源与环境保护之间的平衡，建设师在这栋四层高的建筑屋顶和南立面上分别安装了由旭格集团提供的两套太阳能电池组件。安装在屋顶的太阳能光伏模块总面积约为 480 平方米，由于采用的是半透明玻璃光伏组件，所以大楼在给人一种开放，透明感觉的同时又起到一定的遮阳作用。整套光伏系统年输出功率完全足够大厦的整体电力供应需求，同时也减少了约 30 吨的二氧化碳排放，多余的电力则通过公共电网馈送至当地电网中。由于其创新型能源技术（如：光电系统、使用可再生能源的综合采暖供电装置），该大楼实现了气候友好的正能量平衡，并将多余的环境友好型能源馈送至当地电网中。鉴于其使用了智能材料（如：双组分纤维地毯），它还为绿色建筑设计和健康友好型工作条件指明了方向。

Messe Stuttgart

德国　斯图加特展览中心

地点：Stuttgart，Germany

坐标：48°0'57"N，7°50'26"E

建成时间：2004 年 3 月

建筑用途：展览、会议

应用类型：建筑屋面

装机功率：3.8 MWp

年发电量：3 450 MWh

系统集成商：IBC SOLAR AG

组件提供商：尚德电力控股有限公司

工程总承包商在斯图加特州级展会的新大厅顶部建立了一个总功率为 3.8 兆瓦的光伏系统。在这次项目中 IBC SOLAR 公司具体负责光伏系统的设计、供货、安装及在电站运行后的运营管理。

由于特殊的屋顶形状，在大厅顶部安装该光伏系统是颇具挑战性的。光伏设备被很好地融入进了斯图加特州级展会的总体建筑方案，借助于轻质材料与屋顶圆形结构的巧妙吻合，就这样，一个难度极高的挑战被成功地征服了，并且整个安装工作都是在丝毫未妨碍展会运营的情况下完成的。

Dongtan Wetland Park Room Center

中国　东滩湿地公园客房中心

地点：上海，中国

坐标：31°31'20"N，121°54'46"E

建成时间：2004 年 3 月

建筑用途：酒店

应用类型：建筑屋面

装机功率：50 kWp

年发电量：49 MWh

系统安装：深圳南玻幕墙工程及光伏有限公司

东滩湿地公园位于崇明岛东侧，座落于"拉姆萨"国际重要湿地内，毗邻国家自然保护区。公园特别规划设计了具有太阳能光伏发电的访客中心，标高约为 14.8 米，占地面积为 3 300 平方米。

访客中心在南立面幕墙大部分采用透光型光伏组件，总装机容量为 50.255kW，共安装 529 块 95W 透光型单晶硅双玻组件。本项目为并网型光伏系统，将太阳能发电逆变为交流电并入国家电网。项目安装面积约为 1 000m²，采用 6+6mm 双玻夹胶光伏组件，组件尺寸为 1 296mm×1 128mm×12mm，透光率约为 35%。经过设计施工后的系统效率高达 85% 以上，此项目太阳能光伏系统总装机容量为 50.255kW，年发电量为 49 071.3kWh，预计 25 年使用寿命内累计发电量为 1 226 784.8kWh，减少煤炭用量为 490.7 吨，减排二氧化碳 1 223.1 吨。

东滩湿地公园访客中心从设计阶段开始就已将光伏系统作为建筑的一部分融入到建筑的整体设计当中，实现了真正意义的光伏与建筑一体化（BIPV）设计。将整个客房中心建成一个低能耗的建筑，实现了世博会"城市，让生活更美好"的真正含义。作为世博会的一个标志性建筑，客房中心采用了最先进的光伏技术，使用了新型光伏建材双玻组件。

中国 –Ri Yue Tan · Micro-row Buildings（日月坛微排大厦）

　　该大厦按"双五星"（绿色五星／国际五星）标准而建造的太阳能主题酒店，同时也是世界上最大的集太阳能光热、光伏、建筑节能于一体的高层公共建筑，节能效率高达 88%，每年可节约标准煤 2 640 吨、节电 660 万度，减少污染物排放 8 672.4 吨。

PV ANCILLARY FACILITIES AND OTHERS
光电附属设施和其他

EWE 体育馆 德国
EWE Arena

蒙特马拉加酒店 西班牙
Monte Malaga Hotel

金泽站东广场巴士总站 日本
Kanazawa Station East Plaza Bus Terminal

奥斯汀市政厅 美国
Austin City Hall

哈勒默梅尔世博园 荷兰
Expo Haarlemmermeer

科威特沃巴保险大厦 科威特
Kuwait Warba Insurance Building

科罗拉多海军基地 美国
Naval Base Coronado

雅典社区中心太阳能车棚 美国
Athens Community Center Solar Carports

公共汽车站 德国
Bus Stops

太阳能充电停车棚 美国
Solar Carports and Charging Stations

彼得克雷西米尔海岸广场 克罗地亚
Obala Petra Krešimira

EWE Arena

德国　EWE 体育馆

地点：Oldenburg，Niedersachsen，Germany
坐标：53°8'47.78"N，8°13'35.81"E
建成时间：2005 年 6 月
建筑用途：公共设施
应用类型：建筑外立面、遮阳棚板
装机功率：14 kWp
建筑设计：德国 ASP 建筑设计事务所
组件提供商：Colt International

　　新建成的奥尔登堡 EWE 体育馆是 Weser Ems Halle 展览中心的主要组成部分，它的建成为奥尔登堡市南部的复兴奠定了基础，而在此以前，该地区的发展一直被人们忽视。体育馆可举办职业篮球联赛、手球比赛以及音乐会、展览会等活动，根据功能的不同，馆内可以容纳 3 000 至 4 000 人。建筑最显著的特征在于其观众大厅外立面上设计安装了一套可活动的光伏遮阳系统。

　　观众大厅外立面上这套可活动的光伏遮阳系统，其设计的目标是在不安装遮阳系统或机械制冷设备的情况下，尽量减少从外界获得的热量；同时还可以随着太阳直射角的变化进行移动，以避免在夏季出现吸热过多导致室内过热的情况。为此，设计者采用了沿建筑外周垂直安装光伏组件的方案，铺设光伏面板总长度为 36 米，高 6.7 米。在每块光伏组件的尺寸及其轨道长度设计上，力求在保障一定室内日照的情况下，又起到必要的遮阳与利用太阳能发电的作用。事实证明，这一方案是解决玻璃墙体采光、隔热等诸多问题的最佳途径。此外，为了尽可能多地吸收太阳能，活动的光伏遮阳系统在白天，整体能够随着日照角度的变化沿场馆外周 200 度的范围内进行移动。更巧妙的是整套系统又是由很多子单元组成，每个子单元都有独立的移动驱动装置，这样极大的提高了整个系统的灵活性，以及经济效益，为此该项目已经获得多项权威奖项。

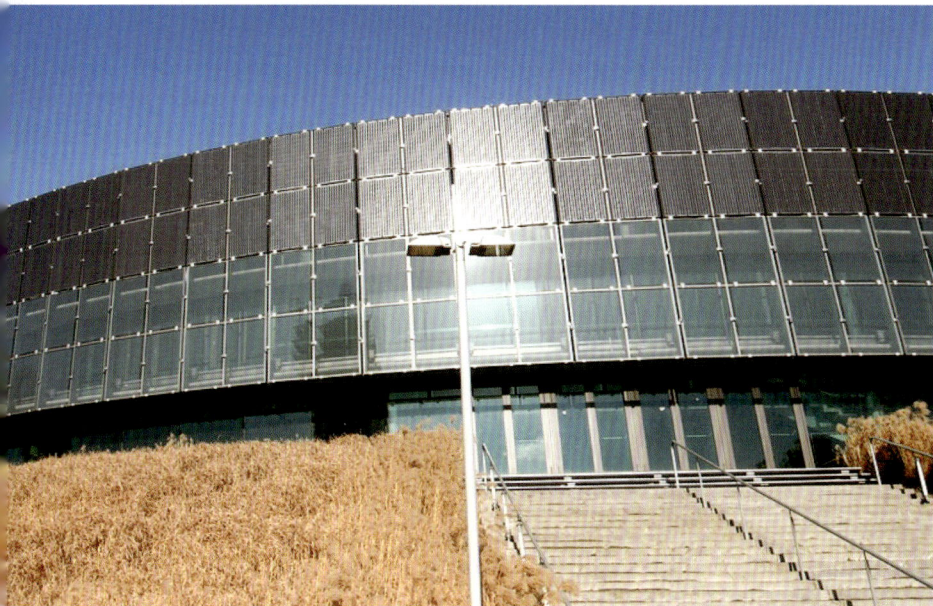

Monte Malaga Hotel

西班牙　蒙特马拉加酒店

地点：Malaga，Spain
坐标：36°42'38"N，4°25'38"W
建成时间：2005 年 8 月
建筑用途：酒店、商业建筑
应用类型：外立面、遮阳板
装机功率：54 kWp
建筑设计：Juan Ramón Montoya，
　　　　　Juan Manuel Rojas Fernandez
组件提供商：Jerónimo Vega（BIPV），Isofotón S.A.

　　位于西班牙马拉加的蒙特卡罗马拉加酒店
出于对环境的保护，在其酒店的外墙上安装了
一套由太阳能电池板组成的光伏遮阳系统。在
设计师的巧妙设计下，该套光伏系统完美地融
入到酒店整体的景观当中，体现出一种和谐的
建筑之美。在环境上，由于酒店地处地中海，
在阳光充足的保证下，减少了因使用空调而造成
的环境污染。

该套光伏系统在整体建筑中的作用除了将阳光转换成电能从而减少大气污染以外，由于其采用的是半透明的光伏玻璃，在采光上不会造成眩光，因此在用做遮阳板的时候，会让人在房间内观看地中海的时候产生一种别样的感觉。

该建筑项目在巴塞罗那建设部主办的 Construmat 国际博览会上荣获"2007 年 Construmat 奖"。

Kanazawa Station East Plaza Bus Terminal

日本　金泽站东广场巴士总站

地点：金泽市，石川县，日本
坐标：36°34'40"N，136°38'57"E
建成时间：2004 年 12 月
建筑用途：巴士站、公共交通设施
应用类型：遮阳棚
装机功率：110 kWp
建筑设计：TODEC Inc.
组件提供商：尚德电力控股有限公司

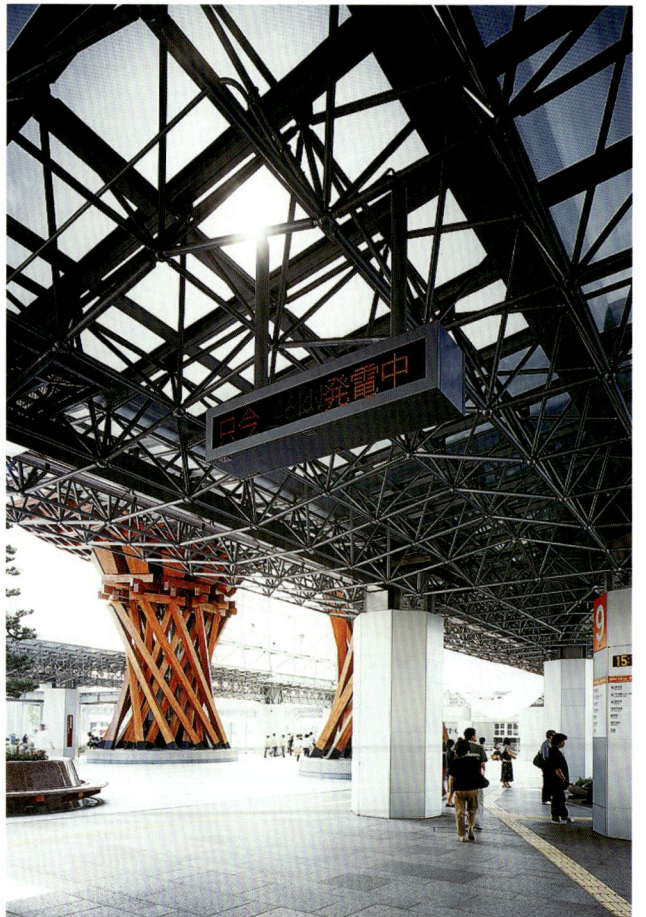

位于日本石川县的金泽市为了给居民提供一个健康的生活空间，在 1997 年就颁布了金泽市环境保护条例。此外，全市还制定了金泽市环境基本计划，全面合理地促进环境保护政策。最具代表性的项目就是市内最大的金泽火车站东广场巴士总站太阳能光伏站台。其产生的电力主要用于车站内的电力供应以及地下通道的照明设施。作为市内最大的环境改善工程，该项目享受金泽市提供的"绿色电力基金"补贴。

金泽（Kanazawa）巴士总站光伏站台系统是当时日本规模最大的光电遮阳棚项目，建筑师选用的是尚德生产的透明度为 5% 的光伏组件，这种定制的夹胶玻璃光伏组件，能满足该地区大雪荷载要求以及其他额外的设计考虑。

Austin City Hall
美国　奥斯汀市政厅

地点： Austin，TX，USA
坐标： 30°15'51"N，97°44'51"W
建成时间： 2007 年
建筑用途： 市政设施
应用类型： 遮阳棚
装机功率： 10 kWp
建筑设计： Antoine Predock Architects
组件提供商： Ameresco Solar

新的奥斯汀市政厅和公共广场坐落在奥斯汀市中心 Town Lake 的仓库区边角上，总建筑面积约 11.8 万平方英尺，包括几个城市部门，以及市长办公室、市议会办公室、市议会会议室、一家咖啡馆和沿着第二大街摆开的商店等。由 Ameresco Solar 提供的光伏组件被设计师用采光顶的形式安装在了市政厅的正门南侧，其 10kWp 的装机功率在阳光充足的时候承担了建筑物 10% 的日常用电需求，环保设计使这个项目获得 LEED 金级认证。

毗邻正门南侧上安装的太阳能电池阵列可细分成四个较小的子阵列，每个子阵列分别安装了由 Sunny Boy 生产的逆变器，四个 SB2500U 型号的 208 变频器将生成的 208V 电力转换为 480V，保证了公用电力平衡。

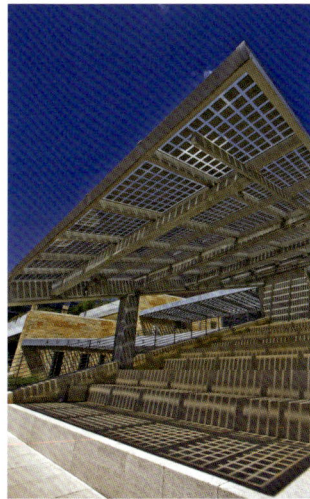

Expo Haarlemmermeer

荷兰   哈勒默梅尔世博园

地点：Vijfhuizen，Netherland
坐标：52°20'22"N，4°40'36"E
建成时间：2002 年 3 月
建筑用途：公共设施
应用类型：遮阳棚板
装机功率：2.3 MWp
建筑设计：Niek Roozen b.v.
组件提供商：Siemens Nederland

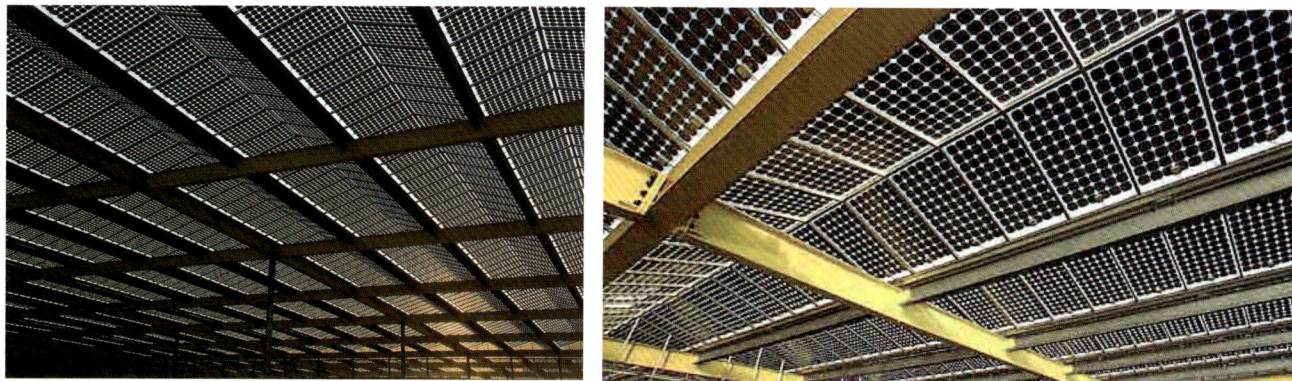

该项目是 2002 年在荷兰霍夫多普（Hoofddorp）的费夫赫依曾（Vijfhuizen）举行的世界园艺博览会（Floriade 2002）的建筑之一，它是当时世界上最大的由太阳能电池板代替传统玻璃板材的单体屋顶。这个巨大的屋顶总面积近 3 万平方米。上面铺设了 19 000 块太阳能电池板，其组件总面积达到了 26 110 平方米，在博览会期间，其发电的总功率可达 230 万瓦，足够全园使用，产生的多余电力则通过公共电网销售出去，博览会过后，这个屋顶产生的电力足够 450 户居民的日常电力需求。

Kuwait Warba Insurance Building

科威特　科威特沃巴保险大厦

地点：Kuwait City，Kuwait

建成时间：2007 年

建筑用途：办公建筑、写字楼

应用类型：遮阳棚

装机功率：11.25 kWp

建筑设计：OBD

组件安装商：深圳南玻幕墙及光伏工程有限公司

　　科威特沃巴（Warba）保险大厦共有 21 层，总高
102 米，总面积 103 平方米的高效太阳能光伏电池遮阳
板（宽度 600mm）安装在建筑物的南立面。该独立光伏
系统能够在紧急需求时提供 10 千瓦的电能输出。

Athens Community Center Solar Carports

美国　雅典社区中心太阳能车棚

地点：Ohio，USA

坐标：39°20' 12"N，82°4' 27"W

建成时间：2010 年 11 月

建筑用途：停车棚

应用类型：遮阳棚板

装机功率：225 kWp

建筑设计：Solarvision

组件提供商：Sharp

　　该项目太阳能光伏发电系统总装机容量为 225 千瓦，是当时俄亥俄州最大的光电市政工程。该系统预计为该社区中心每年提供约 25％的电力。四个大型车棚总共由 936 块 Sharp240 瓦的组件组成。

Naval Base Coronado

美国　科罗拉多海军基地

地点：San Diego，California，USA
坐标：32°42'9"N，117°11'15"W
建成时间：2002 年 9 月
建筑用途：停车棚
应用类型：遮阳棚板
装机功率：924 kWp
建筑设计：SunPower

　　2001 年 3 月，美国国防部开始呼吁减少能源需求以应对日益严重的能源危机，在这个要求下，科罗拉多海军基地开始寻求方法来减少日常的能源使用，在评估了多种可再生能源之后，他们在基地西南地区的停车场选择安装了一套 SunPower 公司的太阳能光伏系统。

　　该系统是车库方面的一种创新使用，在提供基地日常电力需求的同时，也提供超过 400 辆汽车的遮荫作用。整套系统由 2 块长半英里的太阳能电池矩阵组成，3 078 块太阳能光伏面板形成的车棚总功率能达到 750kW。在一天的时间里，该套系统产生的电力足够 935 个用户使用，不仅大大降低了基地在夏季的用电负荷，而且也减少了氮氧化物，二氧化硫和二氧化碳等温室有害气体的排放。据计算，该套系统在 25 年的有效使用期间，将减少氮氧化物排放量 11 660 吨、二氧化硫 10 480 吨、二氧化碳 7 430 吨。

Bus Stops
德国　公共汽车站

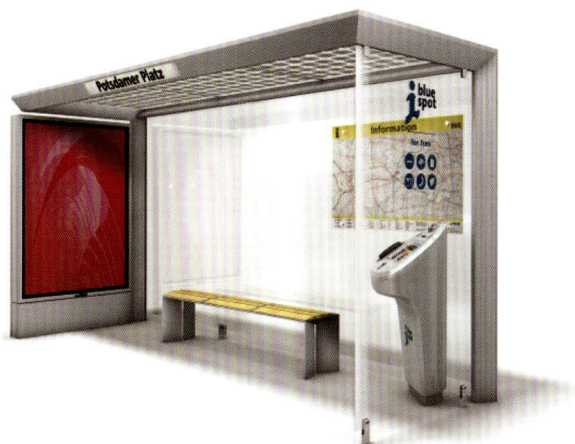

　　时时在线是我们现在最真切的理想了，那在这个时代，我们需要怎样的公交车站呢？日本的工业设计师给我们一个全新的选择，它有着高科技、可持续、智能化、可交互的特征。这一概念设计由日本设计师GK Sekkei完成，由可再生材料组装。整套构件可以组成20种不同的形式，以便于适应不同的地方。车站配备有各种各样的便利设施，如电话、Wi-Fi、动态显示的车程表、广告板和垃圾桶。车站顶篷由光伏板构成，为全站设施供电。

　　这种现代化的公共汽车站在德国柏林市内得到广泛的应用，它不仅是座汽车站，它还集成了一套免费信息终端（Das kostenlose Infoterminal für Berlin），实时为公众提供各种信息。

　　规格：总高度2 410mm，净空高度2 250mm，总宽1 500mm，总长度4 420mm。

　　材料：粉末喷涂铝型材，隔墙采用安全玻璃，顶部采用集成太阳能电池板的夹层安全玻璃。

Solar Carports and Charging Stations
美国　太阳能充电停车棚

　　这是一座位于美国加利福利亚州莫德斯托（Modesto, CA.）的太阳能充电站。是通用汽车公司在该地区两个雪佛兰经销商，为推介新型电动汽车（Volt）而建的充电式太阳能车棚之一。

　　作为通用汽车公司新能源汽车销售计划中的一部分，这种新型的太阳能车棚充电站的建造和前期费用由通用汽车公司与密歇根州的 Sunlogics 太阳能公司承担，经销商只需支付月租费；而销售商可以通过将太阳能车棚所产生的电能卖给公共电网，收回全部的租赁成本。

Obala Petra Krešimira

克罗地亚　彼得克雷西米尔海岸广场

地点：Zadar, Croatia
坐标：44°7'4" N，15°13'14" E
建成时间：2008 年
建筑用途：休闲、娱乐
应用类型：地面
年发电量：46 MWh
建筑设计：Nikola Bašić

扎达尔是克罗地亚富裕而重要的港口、旅游城市，由建筑设计师尼古拉·拜斯克设计的"The Greeting to the Sun"广场装置，就位于有"世界最美丽的夕阳"美名的扎达尔半岛的彼得克雷西米尔海岸边的广场上。这是一个集"声、光、电"于一体的22米直径圆形广场装置，它的表面由三百多块光电玻璃板组成。为了纪念那些为天文、航海、宗教做出杰出贡献的人们，以及人类文明延伸的足迹，广场装置的外环上刻着历史圣人、古历和节日，也有一部分天文和太阳历的数据，以及天体坐标和距离等等。

在白天这套光伏系统能产生清洁能源，以便整个广场照明使用；此外，在玻璃光伏组件下面还有一套LED显示系统，它的主控计算机内装着一个太阳系模型，可随着日落自动开启，同时根据海浪的节奏和声音变换各种奇妙的画面。

"The Greeting to the Sun"体现了人类与太阳的沟通、联系美好愿望和为此所付出的努力，这样一个独特的新能源利用项目获得了众多的国际和国家奖项，也成为扎达尔引以为豪的游览圣地。

2009 年美国能源部太阳能房屋挑战赛（*U.S. Department of Energy Solar Decathlon 2009*）

INDEX

索引

Index   索引

澳大利亚 Australia

项目名称：University of New South Wales
        新南威尔士大学
地点：New South Wales，Sydney，Australia
坐标：33°55'2"S，151°13'51"E
建成时间：2005 年 5 月
建筑用途：教育设施
应用类型：建筑屋面
装机功率：42 kWp
建筑设计：University of New South Wales
组件提供商：University of New South Wales

p.181~182

奥地利 Austria

项目名称：Fronius New Production and Logistics
        Center
        富纽斯公司新生产和物流中心
地点：Sattledt，Austria
坐标：48°5'16"N，14°3'2"E
建成时间：2007 年 4 月
建筑用途：厂房
应用类型：建筑屋面
装机功率：608 kWp
建筑设计：Füreder
组件提供商：Meidl Sharp，Sanyo，Ertex

p.183~184

项目名称：Helmut List Halle
        赫尔穆特音乐厅
地点：Graz，Austria
坐标：47°4'49"N,15°24'40"E
建成时间：2002 年 11 月
建筑用途：会议、音乐演出场馆
应用类型：建筑外立面
装机功率：35.6 kWp
年发电量：2.6 MWh
建筑设计：DI Markus Pernthaler
组件提供商：KW Solartechnik GmbH

p.125~126

项目名称：Natural History Museum
        Vienna
        维也纳自然历史博物馆
地点：Vienna，Austria
坐标：48°12'18"，16°21'36"
建成时间：1998 年、2006 年
建筑用途：博物馆
应用类型：建筑屋面

p.005

项目名称：Schiestelhaus
        苏士帝尔小屋
地点：Hochschwab，Austria
坐标：47°37'22"N，15°9'1"E
建成时间：2005 年 9 月
建筑用途：观光、旅馆、餐饮
应用类型：建筑外立面、栏杆扶手
装机功率：7.5 kWp

p.005

项目名称：Solarbaum
        太阳能树
地点：Gleisdorf，Austria
坐标：47°37'22"N，15°9'1"E
建筑用途：公共设施

p.020

项目名称：The Power Tower
        能源大厦
地点：Linz，Austria
坐标：48°17'35"N，14°17'30"E
建成时间：2008 年 6 月
建筑用途：商业、办公
应用类型：建筑外立面
年发电量：42 MWh
建筑设计：Weber Hofer

p.123

比利时 Belgium

项目名称：Onze Lieve Vrouw Ziekenhuis
        圣母玛利亚医院
地点：Aalst，Belgium
坐标：50°56'34"N，4°3'17"E
建成时间：2007 年 11 月
建筑用途：医院
应用类型：建筑屋面
装机功率：46 kWp
年发电量：31 MWh
组件提供商：Scheuten

p.167~170

233

克罗地亚 Croatia

项目名称：Obala Petra Krešimira
地点：Zadar，Croatia
坐标：44°7'4" N，15°13'14" E
建成时间：2008 年
建筑用途：休闲、娱乐
应用类型：地面
年发电量：46 MWh
建筑设计：Nikola Bašić

p.027~028，225~230

中国 China

项目名称：Chint Solar Building
　　　　　正泰太阳能大楼
地点：杭州市，浙江省，中国
坐标：30°10'54"N，120°10'8"E
建成时间：2010 年 7 月
建筑用途：办公、厂房
应用类型：建筑外立面、屋面
装机功率：510 kWp
年发电量：556 MWh
组件提供商：浙江正泰太阳能科技有限公司

p.141~142

项目名称：Canton Tower
　　　　　广州新电视观光塔
地点：广州市，广东省，中国
坐标：23°6'22"N，113°19'29"E
建成时间：2010 年 10 月
建筑用途：观光、餐饮
应用类型：外立面
电池类型：薄膜
装机功率：20 kWp（1120m²）
年发电量：12.66 MWh
建筑设计：IBA（Information Based Architecture）
组件提供商：深圳市创益科技发展有限公司，
　　　　　　威海中玻光电有限公司
安装承包商：深圳金粤幕墙装饰工程有限公司

p.065~068

项目名称：Dongtan Wetland Park Room Center
　　　　　东滩湿地公园客房中心
地点：上海市，中国
坐标：31°31'20"N，121°54'46"E
建成时间：2010 年 4 月

建筑用途：酒店
应用类型：建筑屋面
装机功率：50 kWp
年发电量：49 MWh
组件提供商：深圳南玻幕墙工程及光伏有限公司

p.195~196

项目名称：National Stadium in Kaohsiung
　　　　　高雄世运会主场馆
地点：高雄市，台湾，中国
坐标：22°42'54"N，120°17'43"E
建成时间：2009 年 1 月
建筑用途：体育馆
应用类型：遮阳棚板
装机功率：1 MWp
年发电量：1 100 MWh
建筑设计：伊东丰雄（Toyo Ito）
系统设计：竹中工务店（日本），台达电子工业股份有限公司
组件提供商：台达电子工业股份有限公司

p.049~056

项目名称：Power Valley Jinjiang International Hotel
　　　　　电谷锦江国际酒店
地点：保定市，河北省，中国
坐标：38°54'25"N，115°27'58"E
建成时间：2008 年 10 月
建筑用途：酒店、宾馆、商务、会议
应用类型：建筑外立面、屋面、遮阳棚板
装机功率：300 kWp
年发电量：240 MWh
组件提供商：英利绿色能源控股有限公司
系统安装商：深圳金粤幕墙装饰工程有限公司

p.155~156

项目名称：Power Valley Plaza Business Conference
　　　　　Center
　　　　　电谷广场商务会议中心
地点：保定市，河北省，中国
坐标：38°54'24"N，115°27'57"E
建成时间：2009 年 8 月
建筑用途：商务、会议、展览、演出
应用类型：建筑外立面、屋面、遮阳棚板
装机功率：500 kWp
年发电量：420 MWh
组件提供商：英利绿色能源控股有限公司
系统安装商：深圳金粤幕墙装饰工程有限公司

p.149~150

项目名称：Qingdao Railway Station
　　　　　青岛火车站
地点：青岛市，山东省，中国
坐标：36° 3'51"N，120° 18'48"E
建成时间：2010 年 10 月
建筑用途：火车站
应用类型：建筑屋面
电池类型：薄膜
装机功率：130 kWp
年发电量：67 MWh
系统集成商：珠海兴业绿色建筑科技有限公司

p.093~096

项目名称：Ri Yue Tan · Micro-row Buildings
　　　　　日月坛微排大厦
地点：德州，山东省，中国
坐标：37° 25'32"N，116° 23'41"E
建筑用途：酒店、会展
应用类型：遮阳棚板

p.197

项目名称：Suntech ECO Building
　　　　　尚德生态大楼
地点：无锡市，江苏省，中国
坐标：31° 30'33"N，120° 24'16"E
建成时间：2009 年 1 月
建筑用途：办公、会议、培训、展示、餐饮、休闲娱乐
应用类型：建筑外立面、屋面
装机功率：1.01 MWp
年发电量：1 020 MWh

p.117~120

项目名称：Shenzhen International Garden and
　　　　　Flower Expo Park
　　　　　深圳国际园林花卉博览园
地点：深圳，广东省，中国
坐标：22° 32'1"N，114° 0'10"E
建成时间：2004 年 8 月
建筑用途：公共设施
应用类型：建筑屋面
装机功率：1 MWp
年发电量：1 000 MWp
建筑设计：科诺伟业公司
组件提供商：BP 太阳能公司，日本京瓷公司

p.185~188

项目名称：Weihai Public Cultural Center
　　　　　威海市民文化中心
地点：威海市，山东省，中国
坐标：37° 28'4"N，122° 8'25"E
建成时间：2009 年 10 月
建筑用途：博物馆、活动中心、展览、会议
应用类型：建筑屋面
装机功率：480 kWp
年发电量：330 MWh
系统提供商：威海中玻光电有限公司
系统安装商：珠海兴业绿色建筑科技有限公司

p.039~042

项目名称：Zhuhai Dong'ao Island
　　　　　珠海东澳岛
地点：珠海，中国
坐标：22° 1'10"N，113° 42'48"E
建成时间：2011 年 9 月
建筑用途：文化中心、码头综合楼
应用类型：建筑屋面、地面电站
电池类型：非晶硅、多晶硅
装机容量：1 MW
年发电量：11 281.4MWh
系统集成商：珠海兴业绿色建筑科技有限公司
组件提供商：珠海兴业新能源科技有限公司，
　　　　　　湖南兴业太阳能科技有限公司

p.163~166

芬兰 Finland

项目名称：Tilanhoitajankaari 23
　　　　　迪兰霍伊达阳伽里 23 号
地点：Helsinki, Finland
坐标：60° 13'33"N，25° 1'25"E
建成时间：2001 年
建筑用途：公寓
应用类型：建筑外立面
装机功率：24 kWp
年发电量：11 MWh
建筑设计：Reijo Jallinoja

p.143~146

法国 France

项目名称：Elithis Tower
　　　　　艾里提斯大楼
地点：Dijon, France
坐标：47° 19'43"N, 5° 3'9"E
建成时间：2009 年 4 月
建筑用途：办公、商业
应用类型：建筑屋面
年发电量：82 MWh
建筑设计：Arte Charpentier Architects,
　　　　　Jean-Marie Charpentier

p.159~160

项目名称：Groupe Scolaire Jean-Louis Marquèze
　　　　　让·刘易斯学校
地点：Limeil-Brévannes, France
坐标：48° 45'17"N, 2° 28'56"E
建成时间：2007 年
建筑用途：学校、教育
应用类型：建筑外立面、屋面
装机功率：80 kWp
年发电量：65 MWh
建筑设计：Jean-Louis Marquèze
组件提供商：Schüco, Siemensr

p.137~140

德国 Germany

项目名称：Akademie Mont-Cenis
　　　　　蒙特赛尔学院
地点：Herne, Nordrhein-Westfalen, Germany
坐标：51° 32'28"N, 7° 15'18"E
建成时间：1999 年 9 月
建筑用途：培训、会议、图书馆、体育馆以及旅馆、
　　　　　餐饮、休闲娱乐
应用类型：建筑外立面、屋面
装机功率：1 MWp
年发电量：750 MWh
建筑设计：F.H.Jourda & G.Perraudin（法国）
项目参与：HHS Planer + Architekten BDA（瑞士）
系统设计：Fraunhofer ISE（Institut for Solare
　　　　　Energiesysteme）
系统主要制造商：Scheuten, Solarex, ASE

p.085~092

项目名称：Berlin Central Station
　　　　　柏林中央火车站
地点：Berlin, Germany
坐标：52° 31'31"N, 13° 22'9"E
建成时间：2006 年 5 月
建筑用途：公共设施
应用类型：建筑屋面
装机功率：189 kWp
年发电量：160 MWh
建筑设计：Meinhard von Gerkan, Jügen Hillmer
组件提供商：Scheuten Solar, Technology GmbH

p.171~174

项目名称：Bionorica Firmenzentrale
　　　　　比奥罗历加公司总部大楼
地点：Bayern, Germany
坐标：49° 15'41"N, 11° 28'10"E
建成时间：2007 年 7 月
建筑用途：写字楼、办公建筑
应用类型：建筑屋面、外立面
装机功率：45 kWp
年发电量：39 MWh
建筑设计：Architekten Brummer und Retzer GmbH,
　　　　　Amberg/D, Schüco International KG ,
　　　　　Herr Dipl.-Ing. Wolfgang Brummer
组件提供商：Schüco International KG

p.191~192

项目名称：Bus Stops
　　　　　公共汽车站
地点：Berlin, Germany

p.221~222

项目名称：BMW Welt München
　　　　　慕尼黑宝马世界展厅
地点：München, Bayern, Germany
坐标：48° 7'60"N, 11° 33'54"E
建成时间：2007 年 10 月
建筑用途：展示、商用建筑
应用类型：建筑屋面
装机功率：824 kWp
建筑设计：Wolf D. Prix, Coop Himmelb(l)au
组件提供商：Solarwatt

p.189~190

项目名称：Das Sonnenschiffs Solarsiedlung Vauban
　　　　　太阳船太阳能社区
地点：Freiburg, Baden-Württemberg, Germany
坐标：47°58'30"N，7°49'46"E
建成时间：2006 年 6 月
建筑用途：商业、住宅混合社区
应用类型：建筑屋面
装机功率：445 kWp
年发电量：420 MWh
建筑设计：Rolf Disch Solar Architektur

p.057~064

项目名称：EWE Arena
　　　　　EWE 体育馆
地点：Oldenburg, Niedersachsen, Germany
坐标：53°8'48"N，8°13'36"E
建成时间：2005 年 6 月
建筑用途：公共设施
应用类型：建筑外立面、遮阳棚板
装机功率：14 kWp
建筑设计：德国 ASP 建筑设计事务所
组件提供商：Colt International

p.199~200

项目名称：München Airport
　　　　　慕尼黑机场 2 号航站楼
地点：München，Germany
坐标：48°21'16"N，11°46'53"E
建筑用途：公共设施
应用类型：建筑屋面
年发电量：445 MWh

p.010

项目名称：Messe Freiburg
　　　　　弗莱堡展览中心
地点：Freiburg, Baden-Württemberg, Germany
坐标：48°0'57"N，7°50'26"E
建成时间：2000 年 10 月
建筑用途：商业建筑
应用类型：建筑屋面
装机功率：441 kWp
建筑设计：Detlef Sacker
组件提供商：Solarstrom AG

p.177~178

项目名称：Messe Stuttgart
　　　　　斯图加特展览中心
地点：Stuttgart，Germany

坐标：48°0'57"N，7°50'26"E
建成时间：2004 年 3 月
建筑用途：展览、会议
应用类型：建筑屋面
装机功率：3.8 MWp
年发电量：3 450 MWh
系统集成商：IBC SOLAR AG
组件提供商：尚德电力控股有限公司

p.193~194

项目名称：Premises for Fraunhofer ISE
　　　　　弗劳恩霍夫太阳能系统研究所
地点：Freiburg, Baden-Württemberg, Germany
坐标：48°0'34"N，7°50'4"E
建成时间：2001 年 6 月
建筑用途：科研、办公
应用类型：建筑外立面、屋面、遮阳棚板
装机功率：20 kWp
年发电量：15 MWh
建筑设计：University of East Anglia
系统设计：Fraunhofer ISE（Institut for Solare
　　　　　Energiesysteme）
组件提供商：Gobain Glass Solar GmbH

p.043~048

项目名称：Paul Horn Arena
　　　　　保罗霍恩体育馆
地点：Tübingen, Baden-Württemberg, Germany
坐标：48°30'39"N，9°2'31"E
建成时间：2004 年 12 月
建筑用途：体育馆
应用类型：建筑外立面
装机功率：43.7 kWp
年发电量：30 MWh
建筑设计：Allmann Sattler Wappner Architekten GmbH
组件提供商：SunTechnics Solartechnik GmbH,
　　　　　　GSS Gebäude-Solar-Systeme GmbH

p.131~134

项目名称：PV Soundless Freising
　　　　　弗莱辛光伏隔音障
地点：Freising，Germany
坐标：48°22'43"，11°45'19"
建成时间：2003 年 9 月
建筑用途：隔音障
装机功率：500 kWp

p.019

项目名称：Schüco Arena
　　　　　旭格体育场
地点：Bielefeld, Nordrhein-Westfalen, Germany
坐标：52° 1'55"N, 8° 31'1"E
建成时间：2000 年 2 月
建筑用途：体育馆
应用类型：建筑屋面、遮阳棚板
装机功率：108 kWp
年发电量：85 MWh
总承包方：Werner Langenscheidt GmbH & Co.KG
建筑设计：Dipl.-Ing. Frank H. Stopfel
组件安装：Steffen Metallbautechnik GmbH

p.101~104

项目名称：SMA Solar Academy
　　　　　SMA 太阳能培训中心
地点：Niestetal, Germany
坐标：51° 18'56"N, 9° 32'21"E
建筑用途：培训、会议
应用类型：建筑外立面、屋面
装机功率：151 kWp
年发电量：142 MWh
建筑设计：HSS Planer + Architekten AG

p.105~110

项目名称：Solar-Fabrik Freiburg Bürogebäude
　　　　　弗赖堡太阳能厂办公楼
地点：Freiburg, Baden-Württemberg, Germany
坐标：47° 59'22"N, 7° 47'22"E
建成时间：1999 年 3 月
建筑用途：办公、会议、培训、展示
应用类型：建筑外立面、屋面、遮阳棚板
年发电量：50 MWh
建筑设计：Rolf + Hotz
建筑承包商：Krebser + Freyler GmbH

p.097~100

项目名称：The Heliotrope Hotel
　　　　　向日葵旅馆
地点：Freiburg, Baden-Württemberg, Germany
坐标：47° 58'24"N, 7° 49'60"E
建筑用途：旅馆
应用类型：建筑屋面
装机功率：6.6 kWp
建筑设计：Rolf Disch

p.023~024

项目名称：The Prefab Övolution Home
　　　　　预制协同进化住宅
地点：Freiburg, Baden-Württemberg, Germany
建成时间：1996 年
建筑用途：住宅
应用类型：建筑屋面、遮阳棚板
建筑设计：Rolf Disch SolarArchitektur

p.003

项目名称：Volksschule Grub a. Forst
　　　　　Grub 小学
地点：Grub, Germany
坐标：50° 13'31"N, 11° 1'21"E
建筑用途：学校
应用类型：建筑屋面
装机功率：69.6 kWp

p.015~016

日本　Japan

项目名称：AEON Shopping Center
　　　　　AEON 购物中心
地点：伊丹市，兵库县，日本
坐标：34° 47'3"N, 135° 23'E
建成时间：2011 年 4 月
建筑用途：商场、购物中心、停车场
应用类型：建筑外立面、屋面、遮阳棚板
装机功率：1.16 MWp
年发电量：996 MWh
组件提供商：Kyocera Corporation

p.121~122

项目名称：Kanazawa Station East Plaza Bus Terminal
　　　　　金泽站东广场巴士总站
地点：金泽市，石川县，日本
坐标：36° 34'40"N, 136° 38'57"E
建成时间：2004 年 12 月
建筑用途：巴士站、公共交通设施
应用类型：遮阳棚
装机功率：110 kWp
建筑设计：TODEC Inc.
组件提供商：尚德电力控股有限公司

p.205~208

科威特 Kuwait

项目名称：Kuwait Warba Insurance Building
科威特沃巴保险大厦
地点： Kuwait City，Kuwait
建成时间： 2007 年
建筑用途： 办公建筑、写字楼
应用类型： 遮阳棚板
装机功率： 11.25 kWp
建筑设计： OBD
组件安装商： 深圳南玻幕墙及光伏工程有限公司

p.215~216

荷兰 Netherland

项目名称：Dongen City Hall
东根市政厅
地点：Dongen，Brabant，Netherland
坐标：51° 37'49"N，4° 56'9"E
建成时间：2001 年 11 月
建筑用途：办公
应用类型：建筑屋面
装机功率：53 kWp
年发电量：54.4 MWh
建筑设计：DI Markus Pernthaler
组件提供商：Scheuten

p.161~162

项目名称：Expo Haarlemmermeer
哈勒默梅尔世博园
地点：Vijfhuizen，Netherland
坐标：52° 20'22"N，4° 40'36"E
建成时间：2002 年 3 月
建筑用途：公共设施
应用类型：遮阳棚板
装机功率：2.3 MWp
建筑设计：Niek Roozen b.v.
组件提供商：Siemens Nederland

p.213~214

项目名称：Houten Fire Station
豪腾市消防站
地点：Houten，Utrecht，Netherland
坐标：52° 1'25"N，5° 9'33"E
建成时间：2000 年 9 月
建筑用途：消防队驻所

应用类型：建筑外立面、屋面
装机功率：23.9 kWp
年发电量：30 MWh
建筑设计：Philippe Samyn
组件提供商：Shell Solar

p.147~148

西班牙 Spain

项目名称：Isofotón Headquarters
伊索富顿公司总部大楼
地点：Malaga，Spain
坐标：36° 44'29"N，4° 33'14"W
建成时间：2005 年 6 月
建筑用途：办公，工厂
应用类型：建筑外立面、屋面、遮阳棚板
装机功率：84.1 kWp
年发电量：72 MWh
建筑设计：Jerónimo Vega, Fernando Arribas,
Ismael Eyras
组件提供商：Isofotón S.A.

p.009

项目名称：Monte Malaga Hotel
蒙特马拉加酒店
地点：Malaga，Spain
坐标：36° 42'38"N，4° 25'38"W
建成时间：2005 年 8 月
建筑用途：酒店、商业建筑
应用类型：外立面、遮阳板
装机功率：54 kWp
建筑设计：Juan Ramón Montoya,
Juan Manuel Rojas Fernandez
组件提供商：Jerónimo Vega (BIPV)， Isofotón S.A.

p.201~204

项目名称：Museu de la Ciència i de la Tècnica de
Catalunya
加泰罗尼亚科学技术博物馆
地点：Terrassa，Spain
坐标：41° 33' 56"N，2° 0' 26"E
建筑用途：公寓、住宅
应用类型：建筑外立面
装机功率：36 kWp

p.013~014

项目名称：Parque Del Fòrum Solar Pergolas
　　　　　论坛公园太阳能遮阳棚
地点：Barcelona, Spain
坐标：41° 24'41"N, 2° 13'40"E
建成时间：2004
建筑用途：公共休闲
应用类型：建筑遮阳棚板
装机功率：1.293 MWp
年发电量：1 900 MWh
建筑设计：Martínez Lapeña, Elias Torres
项目参与：ENDESA, SERIDOM,
　　　　　PHÖNIX SONNENSTROM
组件提供商：Isofotón S.A.
系统安装商：INABENSA

p.079~084

新加坡　Singapore

项目名称：Spice Global Headquarter
　　　　　全球香料总部大楼
项目地点：新加坡
建成时间：2011 年 7 月
建筑用途：办公楼
应用类型：建筑外立面
装机容量：42.32 kWp
系统集成商：香港兴业工程有限公司

p.127~130

瑞典　Sweden

项目名称：Alléskolan Hallsberg
　　　　　哈尔斯贝校区
地点：Hallsberg, Sweden
坐标：59° 3'52"N, 15° 6'36"E
建成时间：2005 年 12 月
建筑用途：学校、教育
应用类型：建筑外立面
装机功率：39.4 kWp
年发电量：11 MWh
建筑设计：Staffan Nordlund, White Architects

p.135~136

瑞士　Switzerland

项目名称：Neue Monte Rosa-Hütte
　　　　　新蒙特罗莎小屋
地点：Zermatt, Switzerland
坐标：45° 57'25"N, 7° 48'53"E
建成时间：2009 年 9 月
建筑用途：观光、旅馆、餐饮、救护站
应用类型：建筑外立面
装机功率：15.6 kWp
规划设计：ETH Zürich, Hochschule Luzern, EMPA
项目实施：Bearth & Deplazes Architekten AG,
　　　　　Architektur + bauprozess,
　　　　　Architektur + Design GmbH,
　　　　　Zermatt und Lauber IWISA AG

p.031~038

项目名称：Permanent Mission of the United States of
　　　　　America
　　　　　美国驻联合国外交使团总部
地点：Geneva, Schweiz
坐标：46° 13'58"N, 6° 8'15"E
建成时间：2005 年 8 月
建筑用途：办公
应用类型：建筑外立面、屋面、遮阳棚板
装机功率：10 kWp
年发电量：134 MWh
组件提供商：RWE SCHOTT-Solar, Powerlight,
　　　　　Shell Solar

p.007

项目名称：Swiss Federal Institute for Snow and
　　　　　Avalanche Research (SLF)
　　　　　瑞士联邦雪和雪崩研究所
地点：Davos, Schweiz
坐标：48° 28'0"N, 9° 52'26"E
建成时间：2002 年 1 月
建筑用途：研究
应用类型：建筑外立面
装机功率：10 kWp

p.003

阿联酋 U.A.E

项目名称：Meydan Hotel
　　　　　迈丹大酒店
地点：Meydan, Dubai, UAE
坐标：25°9'27"N，55°18'7"E
建成时间：2010 年 3 月
建筑用途：酒店
应用类型：建筑屋面
装机功率：750 kWp
组件提供商：尚德电力控股有限公司

p.175~176

英国 U.K

项目名称：Co-operative Insurance Tower
　　　　　合作保险大厦
地点：Manchester, United Kingdom
坐标：53°29'12"N，2°14'17"W
建成时间：2006 年 1 月
建筑用途：商业、办公
应用类型：建筑外立面
装机功率：391 kWp
年发电量：180 MWh
建筑设计：Solarcentury
组件提供商：Sharp

p.151~152

项目名称：Eden Project Education Centre
　　　　　伊甸园教育中心
地点：Cornwall, United Kingdom
坐标：50°21'45"N，4°44'43"W
建成时间：2005 年 7 月
建筑用途：教育、展览
应用类型：建筑屋面、遮阳棚板
装机功率：30.4 kWp
年发电量：35.5 MWh
建筑设计：Nicholas Grimshaw & Partners
组件提供商：Sharp, Kyocera, Romag

p.111~116

项目名称：North Devon District Council
　　　　　北德文郡区议会大楼
地点：North Devon, United Kingdom
坐标：51°4'53"N，4°3'56"W
建成时间：2005 年 8 月
建筑用途：办公、会议、活动
应用类型：建筑外立面、屋面、遮阳棚板
装机功率：56.6 kWp
年发电量：43 MWh

p.005

项目名称：William Rankine Building, the University
　　　　　of Edinburgh
　　　　　爱丁堡大学威廉郎肯大楼
地点：Edinburgh, United Kingdom
坐标：55°55'21"N，3°10'23"W
建成时间：2006 年 9 月
建筑用途：教育
应用类型：建筑外立面、屋面
装机功率：26.35 kWp
年发电量：17.77 MWh
建筑设计：Hurd Rolland
组件提供商：BP Solar

p.003

美国 U.S.A

项目名称：Athens Community Center Solar Carports
　　　　　雅典社区中心太阳能车棚
地点：Ohio, USA
坐标：39°20'12"N，82°4'27"W
建成时间：2010 年 11 月
建筑用途：停车棚
应用类型：遮阳棚板
装机功率：225 kWp
建筑设计：Solarvision
组件提供商：Sharp

p.219~220

项目名称：Austin City Hall
　　　　　奥斯汀市政厅
地点：Austin, TX, USA
坐标：30°15'51"N，97°44'51"W
建成时间：2007 年
建筑用途：市政设施
应用类型：遮阳棚
装机功率：10 kWp
建筑设计：Antoine Predock Architects
组件提供商：Ameresco Solar

p.209~212

项目名称：California Academy of Sciences
　　　　　加州科学院
地点：San Francisco，California，USA
坐标：37° 46'11"N，122° 27'58"W
建成时间：2008 年 8 月
建筑用途：博物馆、展览
应用类型：建筑遮阳棚板
装机功率：172 kWp
年发电量：213 MWh
建筑设计：Renzo Piano
系统设计：Open Energy Corporation
组件提供商：尚德电力控股有限公司，
　　　　　　SunPower Corporation，
　　　　　　PPG Industries

p.069~078

项目名称：Georgia Tech Campus Recreation Center
　　　　　佐治亚工学院校园康体中心
地点：Atlanta, Georgia, USA
坐标：33° 46'32"N，84° 24' 13"W
建成时间：2004 年
建筑用途：体育馆
应用类型：建筑屋面
装机功率：342 kWp

p.029

项目名称：HPA Energy Lab
　　　　　夏威夷预备学院能源实验室
地点：Hawaii，USA
坐标：20° 1'50"N，155° 41'55"W
建筑用途：研究、教育
应用类型：建筑屋面、遮阳棚板

p.021~022

项目名称：Naval Base Coronado
　　　　　科罗拉多海军基地
地点：San Diego, California，USA
坐标：32° 42'9"N，117° 11'15"W
建成时间：2002 年 9 月
建筑用途：停车棚
应用类型：遮阳棚板
装机功率：924 kWp
建筑设计：Sun Power

p.217~218

项目名称：Solar Carports and Charging Stations
　　　　　太阳能充电停车棚
地点：Modesto, California，USA
建筑用途：停车棚

p.223~224

项目名称：The Coney Island Stillwell Avenue Terminal
　　　　　科尼岛史迪威大道车站
地点：New York, USA
坐标：40° 34'39"N，73° 58'52"W
建成时间：2005 年 5 月
建筑用途：车站
应用类型：建筑屋面
装机功率：160 kWp
年发电量：200 MWp
建筑设计：Kiss + Cathcart Architects
组件提供商：SCHOTT Solar

p.179~180

项目名称：The IERCA
　　　　　内陆地区堆肥管理局
地点：Rancho Cucamonga, California, USA
坐标：34° 5'6"，117° 31'47"
建筑用途：工厂
应用类型：建筑屋面
年发电量：1.66 MWp

p.157

项目名称：The Visionaire
　　　　　远见高级公寓
地点：Manhattan, New York, USA
坐标：40° 42'26"N，74° 1'1"W
建成时间：2009 年 2 月
建筑用途：公寓
应用类型：建筑外立面
装机功率：48 kWp
年发电量：50 MWh
建筑设计：Pelli Clarke Pelli Architects
组件提供商：Alt POWER

p.153~154

《世界光电建筑欣赏》

Photovoltaic buildings in the world

中国建筑金属结构协会光电建筑应用丛书编委会

编著

中国建筑金属结构协会
China Construction Metal Structure Association

光电建筑应用委员会
China BIPV Applications Committee

BIPV 中国
www.bipvcn.com

ISBN 978-7-5667-0123-7

9 787566 701237 >

定　价: 285.00 元